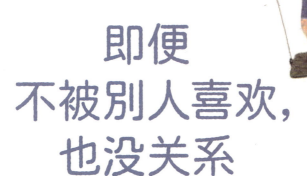

即便
不被别人喜欢，
也没关系

〔韩〕朴芮珍（박예진）——著

〔韩〕朗笑（낭소）——绘

田甜——译

台海出版社

北京市版权局著作合同登记号：图字01-2021-4835

图书在版编目（CIP）数据

即便不被别人喜欢，也没关系 / (韩) 朴芮珍著；
(韩) 朗笑绘；田甜译. -- 北京：台海出版社, 2022.5
　　ISBN 978-7-5168-3258-5

Ⅰ.①即… Ⅱ.①朴… ②朗… ③田… Ⅲ.①心理学
－青少年读物 Ⅳ.①B84-49

中国版本图书馆CIP数据核字(2022)第050887号

即便不被别人喜欢，也没关系

著　　者：〔韩〕朴芮珍　　　　　　　绘　者：〔韩〕朗　笑
译　　者：田　甜

出 版 人：蔡　旭　　　　　　　　　　封面设计：@ 刘哲 _New Joy
责任编辑：魏　敏　　　　　　　　　　策划编辑：李梦黎

出版发行：台海出版社
地　　址：北京市东城区景山东街 20 号　　邮政编码：100009
电　　话：010-64041652（发行、邮购）
传　　真：010-84045799（总编室）
网　　址：www.taimeng.org.cn/thcbs/default.htm
E－m a i l：thcbs@126.com

经　　销：全国各地新华书店
印　　刷：北京金特印刷有限责任公司
本书如有破损、缺页、装订错误，请与本社联系调换

开　　本：880 毫米 ×1230 毫米　　　　1/32
字　　数：177 千字　　　　　　　　　印　张：7.25
版　　次：2022 年 5 月第 1 版　　　　　印　次：2022 年 5 月第 1 次印刷
书　　号：ISBN 978-7-5168-3258-5

定　　价：49.00 元

勇气和恐惧，你更想被哪一个影响呢？

我希望你能拥有克服恐惧的勇气。

从现在这一刻起，鼓起勇气吧。

——阿尔弗雷德·阿德勒[①]

---

① 阿尔弗雷德·阿德勒：生于奥地利维也纳，医生、心理治疗师、个体心理学创始人、人本主义心理学的先驱、现代自我心理学之父，对后来西方心理学的发展具有重要意义。代表作有《个体心理学的实践与理论》《理解人性》《自卑与超越》《论神经症性格》《器官缺陷及其心理补偿的研究》等。

自 序

我经常对正处于成长期的青少年们说这样的话。

"成长的过程非常艰辛，但是我们最终都会挺过去的！回头看看那个坚持着没有选择放弃的自己，就会发现，我们真的非常厉害呢！"

我们要用这样的话语，激励自己和身边的朋友，帮助自己和朋友鼓起勇气，拥有自信。

青少年时期，父母常常会把我们和身边的朋友、兄弟姐妹或他人的子女做比较，致使我们产生自卑感。本来我们非常想做好一件事，但是会有力不从心的自愧感，使我们内心感到痛苦。还有，小时候，只要好好听从父母的安排，我们就能无忧无虑地生活，但是长大之后我们逐渐需要自己拿主意，选择的所有后果都需要自己承担，这样的过程变得复杂，并且十分煎熬。

请不要感觉难受，我们每个人已经做得很好了，我们原原本本的样子已经足够靓丽、足够帅气。成长只是一个过程，我们无须为此煎熬。想要长大，就必然要经历成长的痛楚。我写这本书的目的就是想让所有青少年都能意识到这一点。

这本书的内容，均为我所做过的心理咨询的真实案例，其中，包含了青少年的烦恼与矛盾、青春期的成长痛楚、人际关系的折磨，以及关于前程（梦想）的迷茫。本书运用了世界心理学大师阿尔弗雷德·阿德勒的观点，为备受青春期成长痛苦煎熬的青少年们提供解决方案，疗愈心灵之伤。

如果大家在阅读的过程中，发现自己与书中的人物有类似的烦恼或问题，请一定不要忽略，而应该仔细观察故事中的"自己"，思考一下阿德勒所说的话究竟蕴含了什么意义。大家通过这个过程，感受到自己的珍贵，也学会如何与他人合作，如何设身处地地照顾别人的感受。最终，迈过自卑感筑成的高墙，不再有"我做不到""我真是个无用之人"之类的消极想法。大家都还年轻，会犯错误也是正常的，等长大之后回顾过去，就会发现这些失败和失误可能是成功之母。

请大家鼓起勇气，充满自信心再次前行。比起履历上华丽的过往，我们更需要认识到原本的自己，要努力发掘自己的优点、兴趣爱好和性格特征。

读完这本书，大家一定都能够稳定地度过青春期，认识到优秀的自己。

衷心感谢

给予我许多支持和帮助的

亲爱的郑润浩以及最珍贵的朋友朴俊恒

朴芮珍

目 录

开篇故事

01/ 我也想成为优秀的人

02/ 你我都是非常重要的人

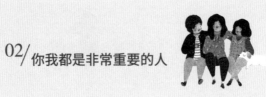

03/ 即使身处困境，也要拥有远大的梦想

开篇故事

"哎呀，真是烦死了。怎么这么难卸啊？"

恩伊站在公寓楼下商店的卫生间里，看着镜子中正在努力卸妆的自己，深深地叹了一口气。就在这个时候，有人走进了卫生间。

"孩子啊，天还没塌呢，你怎么唉声叹气的啊？是有什么烦恼吗？"

恩伊看了看站在洗手池前面正在洗手的女士，发现她留着干净利索有些花白的短发。恩伊以为她肯定会唠叨自己，所以就没有回话，只是沉默着踮起脚尖忙着手里的动作。但是，意料之外，她并没有听到指责。

"如果你的脸一直这么阴沉的话，不管化了多么漂亮的妆都没用哦。"

恩伊看向镜子，透过那位女士的黑框眼镜，她看到了慈祥的面容。恩伊觉得很奇怪，于是歪着头问道：

"您不指责我化妆了吗？"

"哦？我应该指责你吗？"

"一般情况下，大人们如果看到穿着校服的学生化着浓妆，不是都会……"

"为什么啊？我觉得化妆挺好看的啊。而且你的化妆技术很不错呢！你的眼线画得简直就是艺术啊！"

"是吧？我也觉得今天的眼线超级棒。我原本心情特别低落，所以在等地铁的时候就去卫生间化了个妆，结果今天眼线化得绝了，手感特别好！所以心情都变好了呢，可是……"

因为受到了称赞而打开话匣子的恩伊突然又降低了音量。

"怎么了？出什么事了吗？"

"唉……我要是带着妆回家的话，我妈又要唠叨个不停了。"

"你是为了回家才把妆卸掉？你家就在附近吗？"

"嗯，我就住在那边。"

那位女士洗完了手，一边用干手机吹手，一边问恩伊：

"那个……孩子，你知道这附近刚刚开了一家阿德勒心

2

理咨询中心吗？我就是这个中心的院长，大家平时都叫我'朴老师'。你要不要去我们中心玩一会儿啊，有很多零食呢，你喜欢吃巧克力派吗？"

"阿德勒心理咨询中心？还有这种地方啊？就在附近？但是为什么叫'阿德勒'啊？是什么意思啊？是人名吗？"

那位女士微笑着回答了恩伊一连串的问题。

"哈哈哈，你猜对了。'阿德勒'是人名，他是一位心理学家。我们中心就是运用阿德勒心理学的观点，帮助青少年解决烦恼和问题。"

"这个人不太出名吧？我都没听过呢！"

"虽然他在韩国不是很有名，但实际上他是世界三大心理学家之一，非常厉害。阿德勒心理学也被称为'勇气心理学'①。如果人们能够通过学习阿德勒心理学，从而拥有勇气，你是不是觉得很厉害呢？"

"'勇气心理学'这个名称好棒啊。如果我学习了阿德勒心理学，真的就能拥有勇气吗？"

"当然！你要不要把你的故事讲给我听啊？正好我也有话想对你说呢。怎么样？要不要去呀？"

恩伊犹豫了一会儿，最终点了点头。

---

① 勇气心理学：阿德勒的畅销著作《自卑与超越》的核心观点为勇气，因此被称为"勇气心理学"。

"那个……好吧，其实我有好多话想对别人说呢。"

恩伊和朴老师一同走向阿德勒心理咨询中心。咨询中心的桌子上放着一个竹筐，里面装了满满的糖果。

"我可以吃这些糖果吗？"

"当然可以啊，你想吃多少就吃多少。"

恩伊拿起一块糖果，一边吃，一边开始讲起了她的故事。

01

我也想成为
优秀的人

请关注那个最真实的我吧

其实，恩伊早晨和妈妈吵了一架，因此这一天的心情都很低落。当然，子女和父母吵架也是很常见的事情。

朴老师：那你今天好好吃早饭了吗？只有早饭吃饱了，这一天才有力气。

恩伊：凑合吃了一点。我不想见到我爸，所以赶在爸爸洗漱时匆匆吃了点燕麦片，就离开家了。

朴老师：你和爸爸之间发生了什么事情？

恩伊：他只要一看见我，就会不停地数落我。我真不知道爸爸是哪个年代的人，怎么那么迂腐？而且爸爸总把"脸上涂着乱七八糟化妆品的孩子不正经"这句话挂在嘴边，你说我怎么可能想和他见面？我可是把化妆当成了我的兴趣爱好的呀。

朴老师：嗯，原来是这样啊。

恩伊：吃完早饭，我就去玄关穿鞋子，结果新买的唇釉从校服兜里掉了出来。我妈妈一边捡唇釉一边叹气，还唠叨我，说什么"你适可而止吧，被你爸发现，他肯定会把你赶出家门"之类的话。然后我就突然生气了，不由自主地冲着妈妈大喊大叫。我说："妈妈你别再阻止我化妆了，其实你也应该化化妆，打扮得漂亮一点啊。身边还有谁会像你一样不注重打扮的人啊，真丢人！"

朴老师：你妈妈听到这些话，心里肯定很难受。

恩伊：所以我才犹犹豫豫没有回家，要是回家见到爸妈肯定会很尴尬。

朴老师：恩伊，那你有没有想过自己为什么那么喜欢化妆呢？

恩伊：化妆之后人会变得好看啊。每当我化好妆站在镜子前面，都有一种自信的感觉。其实我的化妆技术很好的，朋友们也都这么觉得。如果我认认真真地化完妆出门的话，回头率可是特别高呢！这是多么刺激的事情呀。像今天这样压力比较大的时候，我就会涂一个颜色更鲜艳的唇釉，眼线也会画得更加明显，偶尔还会贴假睫毛！化完妆之后，我的心情就会变得特别好。

朴老师：看来化妆对于你来说是释放压力的一种方法啊。

恩伊：没错！这是最有用的方法！我以后打算充分发挥我的才能，做一名化妆师。但是，爸爸妈妈却不分缘由就说化妆师不好，我觉得自己的未来一片迷茫，都要烦死了。

朴老师：嗯，看来恩伊很喜欢成为人们眼中的焦点呢。

恩伊：是的，我喜欢别人关注我。每当人们的视线都集中在我身上的时候，我就会抬头挺胸，觉得非常骄傲呢。大家都是这样的，对吧？

朴老师：没错。我们都希望受到他人的关注，这就是"认可需求"①。而进入青春期的青少年们，会更加渴求他人的认可。所以，会更加关注身高、外貌等方面。你的朋友们也

---

① 认可需要：指人类渴望他人认可的需求。

是非常关注化妆、发型、服饰这些方面吧？

恩伊：当然关注。

朴老师：但是，恩伊你刚才说如果化了妆，就觉得自己自信了对吧？那为什么你觉得素颜时的自己是不自信呢？你是觉得没有存在感吗？

恩伊：那个……也可以这么说吧。我素颜的时候太普通了呀，谁会关注素颜的我呢？

朴老师：你看我这么说对不对。化妆是恩伊为了博得他人关注的方法，是认可需求的具体体现，对吧？

恩伊：听您这么一说，好像的确是这样的。

朴老师：但是我们没办法时时刻刻都化着妆生活呀。每当你卸了妆的时候，你会觉得素颜的自己不自信，你这种想法让你是否有点难过呢？

恩伊：是觉得有点难过，如果可能的话，我想每时每刻都化着妆生活呢。

朴老师：哈哈，那样的话，你的好皮肤就都被毁了。你没听说过这么一句话吗——卸妆比化妆更重要。

恩伊：没错，皮肤就是生命，哈哈哈。

朴老师：我希望恩伊能明白这个道理——你不是因为化了妆才漂亮，你原本就很漂亮。

恩伊：咦，您这句话太老套啦。

朴老师：你不相信？那你这样想一想：你和朋友们相约去游乐园玩耍，但玩着玩着你和朋友吵了起来，转身走了，这个时候你又不想回家，所以就在市区逛……

恩伊：嗯，如果是我的话，估计会这么做呢。我会去商场逛一逛，过过眼瘾，还可能会自己去 KTV 唱歌……

朴老师：是啊。你逛着逛着都没发现自己手机没电了，朋友们想找你和解，但是打不通电话，于是去你家找你了。你妈妈原本以为你和朋友们在一起，这时候你的朋友们来家里找你，你说你妈妈得多担心你，肯定会马上给你打电话的，但是你手机没电了，电话又打不通，你觉得这个时候你妈妈会是什么样的心情呢？朋友们会是什么样的心情呢？

恩伊：应该会很担心吧？

朴老师：那你觉得他们为什么会担心你？难道是因为你很会化妆？

恩伊：咦，您怎么这么说，当然不是因为这个啦。

朴老师：对啊，他们对你的担心肯定不是因为这个。那他们担心你的真正原因是什么呢？

恩伊：那个……

朴老师：因为是你，他们才会担心。虽然你不想和父母相处，觉得一见面就会吵架。但是对于你父母来说，这个世界上哪有比你更重要的人呢？你的朋友们也是如此。"我觉得恩伊化妆技术一般，所以我才不在乎她怎么样了呢。"你的朋友们当中，难道有人会说这样的话吗？

恩伊：……

朴老师：其实，你是非常重要的人的这个事实和化妆，甚至化妆技术并没有直接关系。外貌不能决定你本人的价值。而且，化妆所获得的自信感会随着卸妆消失，你觉得那算是你内心真正的自信吗？

恩伊：嗯……其实我对此也很苦恼。化妆之后充满自信的我，好像并不是真正的我。

朴老师：所以你要找到真正的自信心，这并不困难。真正的自信就在你的内心里。请你认真地审视一下自身，接受最真实的自己。你要对自己说"最真实的我就很不错"，然后敲一敲自己的胸口，记住了吗？

恩伊：这样做吗？最真实的我就很不错。哈哈，有点尴尬呀！如果周围有人看着，我有点做不来。

朴老师：但是这样的自我对话是非常有效的，有机会的话，你一定要试一试。反正也不花钱，对吧？

恩伊：嗯，我会试试的。但是……老师，我真的不应该再化妆吗？我是真的很喜欢化妆。

朴老师：我之前对你说的话的本意，是让你不化妆也要有自信的意思，不是让你今后都不要化妆啊。你不是说以后想成为一名化妆师吗？

恩伊：但是我父母……

朴老师：我刚才说阿德勒心理学又被称为"勇气心理

14

学"，阿德勒所说的"勇气"就是这个意思，想做什么事情就去做，但是不论遇到什么困难，你都要承受并解决。

恩伊：虽然说起来很简单……啊，请等一下，我妈妈来电话了。"喂，妈妈。不是啦，我在家附近。真的不是啦……真的？那样也行？我知道啦，马上就回家。"嘿嘿，妈妈说时间不早了，让我别在商店卫生间里卸妆，赶快回家。

朴老师：你妈妈是因为担心才给你打电话的吧？你看，我就说你是非常重要的人嘛！快点回家吧。我们咨询中心一直都开着大门，如果你有什么苦恼或者想找个人说说话，随时可以过来。

恩伊：嗯，我也许会经常过来呢。嘿嘿！我要告诉我的朋友，这里开了一家青少年心理咨询中心！

🔺 阿德勒提高勇气的诀窍！

　　正值青春期的青少年们非常想要拥有归属感和存在感。因此，他们会为了证明自己的重要性或者为了被认可而做很多"另类"的事情，有时候甚至会故意闯祸以博得关注。

　　其实，我们应该明白我们原本就是非常重要的存在，不用故意做很多事情吸引他人的目光。对于父母、朋友、熟人来说，"我"这个人的重要性是与生俱来的，是无需多加强调的。因为"我"就是我，因此才重要。我们千万不要忘记这个事实，也不要通过做一些过激的行为，向周围的人证明自己的重要性。

为什么妈妈只喜欢姐姐

朴老师：哎哟，希珠总说自己对时尚领域感兴趣，今天一看，穿搭风格果然不同凡响啊！希珠的梦想是成为模特吗？

希珠：不是的，我以后想当一名造型师。

朴老师：啊，真的吗？不过也是，你的穿戴很时尚，我相信你会很成功！但是买衣服的花销可是不小哦，费用的问题你是怎么解决的呢？

希珠：别提了，因为这件事我和爸爸妈妈大吵了一架。因为买衣服花销太大，我的零花钱总是不够用，所以我就去做兼职赚钱。因此我父母总是指责我，说我一个学生不好好学习，每天就知道打工赚钱买衣服。还说我也不是没有衣服穿。所以他们不能理解我为什么总是要买新衣服。

朴老师：如果站在父母的立场上来看的话，他们的"指责"也不无道理啊。事情后来怎么样了？

希珠：我当然是非常认真、非常郑重地给他们解释啊，告诉他们我的梦想是成为一名造型师。造型师就是给别人设计穿搭的，对我来说买衣服就是学习的过程，所以尝试各种风格的衣服对我来说非常重要。

朴老师：然后呢？

希珠：他们说如果这是我的梦想，那他们能够理解，但是像现在这样一直买衣服还是太浪费了。还说真正帅气、美丽的人并不是永远穿新衣服的人，而是能把旧衣服搭配得很时尚的人！虽然这句话有点老套，但是也没错，所以我答应他们一个月只买两件新衣服。也正是因为这样，我最近热衷于改造旧衣服。

朴老师：哇，你父母很开明呀。

希珠：我也是这么觉得。其实我没想到，父母能够这么容易就接受我想成为造型师的这个梦想。由于他们太轻易就同意了，我甚至还觉得有点难过呢！

朴老师：这是为什么？

希珠：因为我觉得爸爸妈妈只关心姐姐。在我家，不管做什么事情，大家都以姐姐的想法为主。如果姐姐像我一样，说不想学习了，以后要成为造型师的话，父母估计不会这么轻易答应的，我觉得爸妈就是不在乎我，所以不论我做什么他们都不在乎。

朴老师：你觉得你的父母只关心姐姐？你为什么会产生这种想法啊？

希珠：他们是真的偏心。从小到大，我穿的衣服几乎都是姐姐穿过的，玩的玩具都是姐姐玩过的。我和姐姐都睡了懒觉，父母就会说姐姐是因为前一天学得太晚所以才起得晚，而我就是因为懒才不想起床。这像话吗？我晚上也学习了好久，当然，我肯定没有正在读高三的姐姐学得那么久而已。

朴老师：如果姐姐正在读高三的话，晚点起床，睡个懒觉也算正常。

希珠：但姐姐还没读高三的时候，父母也是有差别对待的，姐姐说没有胃口的时候，他们就特别紧张，说体力会跟不上，还会给姐姐买很多营养品。要是我说没胃口的话，他们就没什么反应。还有，如果姐姐的成绩下降了，他们就会特别特别担心。但是我的成绩下降的话，他们会说"就知道会这样"。

朴老师：但是你的时尚敏锐度比姐姐高多了吧？难道姐姐在这个方面也很厉害吗？

希珠：才不是呢，姐姐简直就是时尚界的"恐怖分子"，每次都是拿起什么穿什么，一点都不讲究，对衣服一点都不"尊重"。反正啊，在我们家凡事都以姐姐为主。妈妈总说"你看看你姐，你姐长这么大，就没让我操过心。也不知道你是像了谁，才这么折腾"。每当这个时候，爸爸也会说"肯定不是像我"！您说，我听到这样的话，怎么可能不生气呢？我打算一成年就搬出去自己住，我真的受不了这样的差别对待！

朴老师：嗯，虽然你的话带有一点夸张成分，但是我大概能够理解你受了什么委屈。其实十指连心，不管哪一根受伤了都会痛，但也总有痛感比较强烈的手指，也会有痛感稍弱的手指。在父母看来，孩子也是这样的。

希珠：我就是那根不怎么痛的手指！估计姐姐就是特别特别疼的那根，哼！

朴老师：有可能因为姐姐是父母的第一个孩子，所以他们比较上心，也有可能是她学习比较好，让父母圆了孩子成为优等生的心愿。父母这么做，估计也是有原因的。但是不管怎么说，父母这种偏心的教育方式是有问题的。

希珠：就是！我就说问题很严重嘛！

朴老师：看来希珠对家人有很多不满呀？

希珠：怎么可能少呢？只要我和姐姐发生争执，父母只会问我为什么不听姐姐的话？为什么要和姐姐顶嘴？有时候我甚至都会想，既然这样的话，他们当初为什么还要生我呢？

朴老师：你一定很伤心吧？孩子们发生争执的时候，父母应该保持中立，好好协调才对。你父母的那种做法，会让你很难过，感觉被家人冷落了。其实在我们小的时候，并不在意一件事情的对错。真正在意的是有没有人站在自己这边，帮自己说话。本来你就非常羡慕姐姐，觉得姐姐是自己的对手，再加上父母那样偏心的做法，所以你心里就更难受了。

希珠：您说我羡慕姐姐？觉得姐姐是我的对手？我从来没有这样想过啊！只不过，看到姐姐那副理所当然接受父母偏爱的样子有点讨厌罢了。

朴老师：你真的只是觉得姐姐有点讨厌？你就不想像姐姐一样得到父母的关心？不想把她打压得毫无还手之力吗？

希珠：嗯……也不能说完全没想过吧。

朴老师：孩子抱着过度竞争的心理去成长是非常不健康的，在这样的竞争中处于下风的孩子经常会感觉自己受到了冷落。如果一个人觉得自己不再重要，那么他的自信心有可能会下降。以这种心理长大成人之后，就会经常把自己的行为和他人比较，自己的内心也会受到折磨。凡事有输就有赢，但是赢了又能多高兴呢？他们又会因为即将到来的竞争而感到焦躁和不安。

希珠：哇，听您这么一说，我得赶紧回家和他们聊一聊。

朴老师：我觉得，你父母需要改变一下对待你和姐姐的态度。但是，希珠对姐姐产生竞争心理，真的全都是父母的错吗？

希珠：啊？不是父母的错吗？难道是别人的问题？是姐姐吗？

朴老师：你为什么总用姐姐作为标准来评价自己呢？你不是总说，姐姐睡懒觉不会被骂，但是你会被父母指责；姐姐学习很好，但是你学习不好。

希珠：这些都是事实啊。

朴老师：你世界的中心不应该是姐姐，应该是你啊。你好好想一下："为什么自己总是睡懒觉呢？如果稍微早点睡，那明天一定能早起。"你也可以给自己制定目标。如果目标实现了就好好表扬一下自己；如果没有实现，就要好好反思一下失败的原因。看看自己是否应该早点睡呢？还是应该找一个专属于你自己的起床方法呢？

希珠：但是爸爸妈妈……

朴老师：再重申哦。对于希珠来说，谁的想法才是最重要的呢？我并不是让你无视父母说的话，但是父母并不能代替希珠生活哦。

希珠：所以我的想法才是最重要的！听您说完，我突然有种醍醐灌顶的感觉。我怎么就没有早点发现啊？

朴老师：虽然良好的竞争关系能够成为竞争双方进步的动力，但是过度竞争容易落个两败俱伤的结局。你把姐姐当成竞争对手，因此觉得很疲惫，但是一直和你共同生活着的家人难道就什么感觉都没有吗？你本身也是非常珍贵的存在。难道当你觉得辛苦的时候，周围的人不会和你有同样的感受吗？

希珠：其实，我到现在也不认为姐姐不好。我明白了，我不该去和别人比较，应制定属于自己的生活目标才重要。

朴老师：哈哈，这就是获得幸福的方法哦。

希珠：哇，那我刚才是感受到幸福了吗？

朴老师：你不觉得现在的状态比跟姐姐事事都要竞争的状态更幸福一点吗？慢慢你就知道了，幸福其实是很简单的。

🔺 阿德勒提高勇气的诀窍!

很多人人生中遇到的第一个"竞争对手"就是兄弟姐妹，为了争夺父母的爱，很容易产生竞争心理。年幼的时候，人们很难理智判断父母的行为正确与否。有人会觉得弟弟妹妹比自己小所以更需要爸爸妈妈的关爱；还有人会觉得自己得让着哥哥姐姐才行。通常情况下，有些人在某一刻会觉得妈妈更喜欢妹妹或爸爸更偏心哥哥，这种类似事情反复发生，会刺激人们产生不满心理，委屈的种子也就越埋越深。当人们认为父母偏心其他兄弟姐妹而不站在自己这边的时候，都会产生挫败感，会产生非常羡慕或非常嫉妒的心理，然后兄弟姐妹就会自然而然地成为彼此必须战胜的对手，成为彼此的竞争对象。

但是请大家退一步想一想。不管睡不睡懒觉，学习好不好，这些事情都和别人无关，我们是不是忽略了一个最基本的事实——归根结底都是自己的问题。

我们人生的主人公应该只是自己。只有自己才能赋予人生价值，其他任何人都不能定义我们的人生。因此，大家不要浪费时间去和他人竞争或比较，不要轻易因别人的评价而动摇。要学会自我满足，然后用心去做好每一件事。怎么样？我觉得大家都能够做得很好哦!

我会自己看着办的

朴老师：志雄，你怎么过来了？是你的妈妈让你来找我的吗？

志雄：不是的，今天是我想和您聊一聊。唉，老师！我和妈妈好像真的合不来呢。

朴老师：啊？发生什么事了？

志雄：最近这段时间，我每天早晨都会和妈妈吵架，烦死了！

朴老师：为什么呢？

志雄：我有自己的生活模式，但是不管我和妈妈怎么沟通，她都不认可。就连我几点起床都得听她的。按照我的计划，每天只要提前半小时起床、洗漱、吃早点，然后去上学的话，时间刚刚好！但是妈妈非说这样就会迟到，非让我提前一个小时就起床不可！

朴老师：嗯，志雄妈妈好像真的会这样做呢。

志雄：老师也了解我妈妈的性格吧？真的非常强势！

朴老师：哈哈，还好吧。别的事情我不太清楚，但是你妈妈的时间观念非常强。不管要干什么，她都会提前十分钟准备好吧？

志雄：嗯，是的。但是我喜欢按时按点完成任务，并不想提前去处理，但是我妈妈一定要我按照她的模式来，我们不仅在起床时间的问题上有分歧，别的事情也是如此。她经常数落我，说我为什么穿那种衣服啦，要穿得正式一点啦；别每天看电视，也要多看看书啦；别天天在床上躺着，多出去运动一下啦。总之，我所有的事情她都要干涉，真是烦死了！

朴老师：但是不光志雄觉得辛苦，你妈妈应该也觉得很心累吧？前天举行业主委员会会议的时候，我见到了你妈妈。她说教育青春期子女真的太难了，都不知道该如何是好呢！孩子们都觉得自己已经长大了，根本不听妈妈的话。别人的家长也纷纷附和，都说自己家的孩子也是这种状况。

志雄：咦？不可能吧？除了我，别人家的孩子不都是性格温和、非常听话、学习成绩优秀吗？

朴老师：哈哈，也不一定。你知道我当时对在座的父母说了什么吗？

志雄：您说什么了？

朴老师：我告诉他们，一定要学会相信自己的孩子。进入青春期的孩子已经长大了，他们有能力自己制定目标并且为之努力，作为家长，现在已经可以放手了。孩子们已经不是当年那个需要父母扶着才能走路的小孩了。你学过骑自行车吗？

志雄：学过的，小时候爸爸教我的，一开始是他在后面扶着我。

朴老师：你回想一下学自行车的过程。如果你想学会骑自行车，那父母就要在适当的时候放手才行。而孩子如果想要学会独立，那父母也需要在适当的时候，放开扶着孩子的手，这样子女们才能真正成长。然而，我也是一个母亲，我明白放手有多难。

志雄：这件事有什么难的啊？

朴老师：因为父母会觉得心中不安，会很担心，同时也无法相信孩子可以自立。父母总是会想，如果我什么都不做，那么我的孩子能一个人做好这件事吗？站在父母的立场看，这是因为他们爱你，怕你受到伤害。但是站在你们的立场来看呢，这就是父母在干涉你们的生活。如果这样的事情经常发生，孩子甚至会觉得自己没有被尊重，觉得父母就是在控制自己，心情就会变差。由于父母和子女的立场是对立的，所以亲子关系之中也存在着较量，双方会发生争执。

志雄：哎哟，看来这个问题没办法解决了啊。

朴老师：当然可以解决。虽然双方的想法不同，但是可以通过沟通来协调，一定能够找到最合适的解决方法。就拿志雄的事情来说，你和妈妈发生争执的核心问题并不是应该几点起床，而是你会不会迟到的事情。

志雄：没错。但是我真的不会迟到啊！

朴老师：那这样，你和妈妈好好谈一下，就说你自己会好好处理，一定不会迟到，希望妈妈先在一旁观察一下，不要插手。如果妈妈看到你能够好好控制时间，那她应该就会放心不少吧？

志雄：我也想啊，但是我觉得我妈肯定不同意！

朴老师：也不一定哦！你今天再和妈妈认真地说说，我相信妈妈会有改变的。但是，如果妈妈看到你总是迟到，或者早晨总是匆匆忙忙的话，你觉得她会说什么呢？

志雄：这还不明显嘛！她肯定会说——你看，不听父母的话，就是这个下场！

朴老师：哈哈哈，你也觉得妈妈会这么说啊。但是你需要注意一点，如果你没有控制好时间的话，妈妈就会觉得你现在还没有能力独立生活，这就意味着妈妈会更加干涉你的事情。

志雄：哼，这种事情才不会发生呢！因为我会做得很好的！哈哈哈……老师，那我就先回家啦。我得赶快回去和妈妈好好谈一谈。

朴老师：祝你好运，希望能有好结果哦！

🔺 阿德勒提高勇气的诀窍！

　　人会在给自己制定目标之后激励自己努力，只有当自己真心想做一件事时，才会产生动力。大家都见过那些称赞孩子听话的父母吧？其实这种称赞完全没用。如果孩子只是听从父母的要求，并不是自己想做一件事的话，那他怎么可能为了实现目标而产生强大的动力呢？如果你不想做这件事，但是出于无奈不得不做，这时候你一定也是应付了事。

　　因此，当父母不满意孩子的所作所为而多加干涉的时候，孩子要学会冷静地进行沟通。告诉父母，我可以自己做好这件事，希望家长给予空间就好了。如果遇到了无法独自解决的困难，到时候向父母寻求帮助就可以了。

　　当然，大家都知道要对自己说过的话负责的吧？如果我们总是完不成自己制定的目标，那么大人就会觉得"啊，这个孩子还是需要管制啊"或者"他无法独自完成目标啊"。我们要尽量不让家长产生类似的想法，努力把事情做好，明白了吧？

我为什么是这副模样

英俊：老师，您好。

朴老师：你就是英俊啊？来让我看看资料，英俊是因为网瘾问题来的呀？每天在家从早到晚玩游戏，和朋友们也只聊与游戏相关的东西，因为玩游戏所以晚上不怎么睡觉，而白天上课的时候总是打瞌睡导致被老师批评。你们班主任老师和我说非常担心你。去年也是这位老师当英俊的班主任吧？老师说你去年不是这样的，但是一进入高三突然就变了。

英俊：其实我也很担心自己现在的状态。别看我整天都在玩游戏，其实心里也觉得非常不安。虽然我现在还没什么梦想，但是不管今后想要做什么，都需要好的学习成绩。像现在这样成绩持续下降真的是不行。实话实说，我去年马马虎虎学一学，成绩勉强还说得过去，但是升上高三之后，不论我怎么努力，成绩还是一直在下降。所以我的心情变得特别烦躁，自信心也没有了，觉得自己干什么都干不好……

朴老师：那你玩游戏的时候开心吗？是不是在玩游戏的时候就不烦躁了？

英俊：玩游戏就是为了释放烦躁的心情。在玩游戏的时候，我的注意力非常集中，除了游戏本身根本不会想起别的事情。

朴老师：你的父母是什么样的人呢？他们平时尊重你的想法吗？

英俊：在我家，爸爸的话就是圣旨，谁都不能违抗。我从小到大几乎从未反驳过爸爸的话。所以我非常羡慕那些能和爸爸像朋友一样相处的人。

朴老师：看来你爸爸很严格啊，那你妈妈也很严格吗？

英俊：那倒不是。我妈妈一刻都不会让我闲下来。这个对头脑好你多吃点，那个对身体不好你不许吃了；这个数学补习班不错，你这个月就开始去上课吧；那本书好，就读那本吧……妈妈对我的过度干涉在朋友中都出名了。

朴老师：你的父母，一位是过于严格，一位是过度保护，那么英俊应该很少自己做决定吧？这样很容易养成依赖型人格①啊。

英俊：没有啊，我才不是依赖型的人……仔细想一想，您好像说得也没错。我总是听从爸爸的命令或是妈妈的劝导办事，一旦遇到了需要自己做决定的情况，就会感到不安和害怕。

朴老师：那么，既然没有人让你玩游戏，你为什么还如此上瘾呢？其实我也和你有相同的感受。我手机上也安装了几个简单的小游戏，真的很好玩，玩游戏的时候根本感觉不到时间的流逝。

英俊：对吧？您也有这种感觉吧？

朴老师：其实游戏本身并没有问题。我们能够在游戏中体验到现实生活中很难体验到的东西，还能制定各种精准战略，在团队游戏中我们还能学到如何处理人际关系等。但是我们只有有节制地玩才能感受到乐趣，任何事情都要适度。

---

① 依赖型人格：亦称"虚弱人格"，是病态人格的一种，其显著特点是缺乏自信心和独立性。依赖型人格障碍以过分依赖为特征，表现为缺乏独立性，感到自己无助、无能和缺乏精力，生怕被人遗弃。

英俊玩游戏并没有错，但你错在什么事都不做而只玩游戏，这就有点过分了。如果你明白适当玩游戏的道理，就该懂得什么时候该玩什么时候不该玩，你不能因为玩游戏而耽误其他的事情。你要是做不到自律就得承受相应的后果。你想一想，是游戏紧紧抓着你不放吗？不是的，是你紧紧抓着游戏不放手啊。

英俊：没……没错。

朴老师：我能理解你为什么沉迷游戏，在游戏这个虚拟空间里没有人认识我们，也没有人会对我们指手画脚，没有什么事情会像学习一样有很大的压力，即使随便发火、随便行动也没人能把我们怎么样。这种状态多好啊！换句话说，正是因为这些好处，英俊才选择逃到游戏中去，避开不想做的事情。说得好听一点就是逃避现实！

英俊：您说我是用游戏来逃避现实？

朴老师：是啊。一般情况来说，当父母对孩子过于严格或者过度保护时，孩子会在成长的过程中养成依赖型人格，拥有这种人格的孩子往往无法独立做出正确的决定，甚至会把责任推卸给别人。对于这样的孩子来说，游戏更容易成为"避风港"。而且，玩游戏经常会耽误写作业吧？因为玩游戏，学习成绩一直在下降；因为玩游戏，睡眠时间总是不够，游戏成了什么都没做的最大借口。当这种情况反复出现形成恶性循环之后，就更难摆脱游戏了。

英俊：是啊……老师好像说得没错，我很惭愧。其实我也觉得自己不能一直这样下去，所以曾经想要减少玩游戏的时间，或者干脆戒掉游戏，但是最终都失败了。当我控制自己不玩游戏的时候，心情反而变得特别焦躁……

朴老师：你能自己下定决心摆脱游戏本身就很了不起了。这就表明了你想要改变自己的意志。虽然你没有成功，但是不必气馁。当你沉迷于一件事，并且已经产生"耐药性"和戒断现象的时候，往往很难仅靠自己的意志来解决问题。

英俊：那我应该怎么做呢？

朴老师：最好是能得到专家的帮助。你应该想一想自己真正喜欢的事情是什么、为了做这件事情愿意付出怎样的努力等，然后制定一些现实生活中的目标，在努力达成目标的过程中获得成就感，自然而然地，你就会找回自信了。当你不玩游戏的时候是不是很焦躁不安？这种情况也是自然现象，所以你不用隐藏。越是想隐藏，反而越不好，越会变得更加不安、更加烦躁。正确的做法是直面问题，然后找方法去解决它。

英俊：您是说，我要先正视自己现在的状态吗？

朴老师：没错。坦率地承认自己的感情和状态是自我调节的第一步。需要我告诉你一些方法吗？

　　英俊：我自己先努力试一试，如果不行的话再来麻烦您。听了老师的话，我才发觉自己的意志太薄弱，都有点不好意思了。仔细回想一下，我总是用"爸爸很严厉""妈妈总干涉我的生活"等这样那样的借口来逃避，其实是我放弃了我自己。

　　朴老师：哎哟，英俊突然间变稳重了呀？那你先思考一下自己想做什么事情。可以通过规律的运动或者爱好的活动来帮助自己戒游戏瘾。但是，你肯定不可能一下子就不玩游戏了，所以最好是每天减少一两个小时的游戏时间，慢慢适应这个过程。

　　英俊：嗯，我会努力的。谢谢老师今天听我说了这么多，还一直帮我解决问题。

♠ 阿德勒提高勇气的诀窍！

喜欢玩游戏的朋友们经常会想，如果能一直玩游戏就好了，或者是能成天到晚地玩手机就好了，你可以按照自己的想法去做，每个人都有自由选择自己想做的事情。但是，自己选择所做之事所带来的后果也需要自己来承担，因为自由必然伴随着责任，世界上没有无责任的自由。

当人们感觉自己没有站在该站的位置上，没有很好地履行自己的义务时，就会对自己的价值失去自信，容易陷入某些可以逃避现实的事情中。所以，当背负着巨大的成绩压力的现代青少年们无法满足身边的人对自己的成绩或状态的期待时，很容易陷入手机或游戏之中。这是因为在虚拟空间里，孩子们很容易填满在现实中无法填补的孤独感、孤立感、空虚感，并重获自信心。

如果人们的认同感和满足感是从虚拟世界中获得的，那么他们在回到现实世界之后就会更加空虚，沉溺于虚拟世界的时间则会越来越长，就更难仅凭自己的意志调节自己、摆脱这个状况了。

青少年时期是在为今后的人生做准备，但是准备什么、如何准备是个人需要解决的问题。我们的人生也是如此，生活中出现的所有状况都需要我们自己负责。相信大家见过很多给自己找借口的人，他们会说自己因为过去受到了什么伤害，因为什么理由所以变成了现在这样！但是，并非经历过相同事情的人们现在都过着一样的生活，选择决定人生。

现在，你想做何种选择呢？

我不喜欢生气的自己

朴老师：贤浩，最近过得怎么样啊？

贤浩：不太好。虽然学校让我来接受心理咨询，但是我觉得根本就没必要。

朴老师：你不要想着什么心理咨询，你就当是来这里玩一会儿。你想吃点什么，饼干怎么样？

贤浩：其实我也知道自己时不时就发脾气是不对的，所以我通常马上就道歉了。这样也算严重问题吗？

朴老师：如果能不发脾气不是更好吗？即使你马上就道歉了，也不能当这件事没发生过吧？你父母有在家经常发火的现象吗？即使你很讨厌父母的某种做法，也会在不知不觉中模仿吧。

贤浩：……

朴老师：如果你不想回答那就不用说。这个饼干很好吃，你尝尝吧。

贤浩：即使是很小的事情，我爸爸也会发脾气、大喊大叫，我真的很讨厌他的这种行为。但是我在不知不觉中居然变得和他一样了。

朴老师：你不要那么难过，这不是你的错，孩子模仿父母的行为方式是很正常的现象。人类天生就崇尚权力，当我们拥有力量的时候就会产生优越感。每当我们想要保护弱者的时候，都会不自觉地憧憬强者的能力，想让强者认同我们的做法。因此，如果父母有暴力倾向的话，大多数孩子也会有暴力倾向。毕竟在小孩子的眼中，父母就是最强大的人。

贤浩：也就是说，我一定会像我爸爸吗？

朴老师：并不是。不是所有孩子都会模仿父母不好的一面，对吧？父母是父母，我们是我们。因此我们每个人都要自己决定该怎么做。你仔细想一想，你在发脾气的时候也是选择自己生气，而并非让父亲替你生气啊！因此，贤浩现在也该为自己的行为负责，你觉得呢？

贤浩：但也不是每次生气都是我的错啊！虽然有时候是我在无理取闹，但是大部分都是事出有因。

朴老师：事出有因？你举个具体的例子说说。

贤浩：明明是对方做错事情的时候……

朴老师：也就是说，贤浩其实是想让对方道歉吗？那你应该让他说对不起，而不是发脾气。

贤浩：呃，也有别人惹得我心情不好的时候啊！所以我就……

朴老师：无论什么时候你也不该发脾气，而是要表达自己心情不好才对！

贤浩：呃，您说得也对……

朴老师：生气的时候要好好想想原因到底是什么，看看自己是不是在用生气来表达某些想法。比如：我都生气了，所以你快点道歉；我都生气了，说明我现在心情非常不好；

等等。

贤浩：但是有些人不吃这一套啊。只要我一说话，他们就说我是在顶嘴。

朴老师：一个人想要通过沟通来解决事情的态度和抓住话柄找碴的态度可不一样哦。

贤浩：啊，那个……我倒是也有专门找碴发脾气的时候。

朴老师：看来贤浩的自尊心很强啊。通常情况下，在大部分擅长回答问题的孩子的内心深处，往往很反感别人无视自己或自己得不到信任。为什么你要无视我？为什么你不信任我？人呀，经常会用一些别的表达方式来代替用话语沟通。生气、顶嘴其实也算是一种表达方式。

贤浩：也就是说，如果我想表达自己的感觉，就不要做发脾气的事情，而是应该直接用语言表达吗？

朴老师：没错。为什么人们常说，没说出口的爱就不是爱呢？当然了，经常发脾气的人不可能一下子变得冷静、沉稳。所以你可以慢慢有意识地减少发脾气的次数。如果你真的觉得忍不住了，那暂时离开也是个不错的选择。你可以通过深呼吸或者数数让自己冷静下来，然后再回去进行沟通。

你要找到能让自己消气的方法。比如我生气的时候，就喜欢自己去散步，而我儿子就喜欢出去打篮球、踢足球。

　　贤浩：我倒是也很喜欢运动，跑跑步出出汗心情就会好很多。以后，我也要试试这个方法。

　　朴老师：嗯嗯，试试吧。吃饼干吃得我都觉得渴了，我想喝点果汁，你要不要来点啊？

　　贤浩：嗯嗯，我还想再吃点饼干，这个真的好好吃啊，哈哈。

🔺 阿德勒提高勇气的诀窍！

人在表达自己情绪的时候往往隐藏着某些想法，其实是想用感情来使对方动摇。比如，如果我们表现出伤心，对方就会同情我们；如果我们表现出开心的话，对方也会高兴。

而生气的时候也是一样的。人们觉得自己被无视的时候、对自己的不满慢慢堆积的时候、想要逃避的时候、想依赖别人的时候常常都会生气。甚至有的人因为没有安全感，也会用生气来保护自己。

大家玩过"你画我猜"这个游戏吗？至少在电视上也看到过吧？有些人很擅长表达，而有些人非常擅长猜答案。但是那些用语言很容易说明的词语，却很难用动作表达出来，大部分人都不能理解他人奇怪的动作，因此答案也是五花八门。

而我们用发脾气来表达自己感情的过程和游戏很相似。我们的意图很容易被歪曲，也没办法传达给别人，这样做的后果就是误会会不断地加深。所以不要轻易发脾气，应该用言语来沟通。你可以说"我不满意""现在这个情况让我觉得不舒服""你不要无视我"等。反之，如果你不说的话，对方就无法准确理解你的想法。

听从妈妈的安排是最方便的

梓恩：老师，您真的觉得人是能够改变的吗？

朴老师：当然。只要下定决心，每个人都能改变的。

梓恩：那我也能吗？

朴老师：你想要改变吗？如果你想改变，那就说明你不满足自己的现状。你觉得什么方面让你不满意呢？

梓恩：我有时候特别不能理解自己的行为。我现在都读高一了，但还是妈妈说什么我就做什么。没有一件事是我自己做决定的。就连买炒年糕我都会给妈妈打电话听她的意见，得到允许之后就会觉得很安心。我和朋友出去逛街买衣服的时候也是这样，拍照给妈妈看过之后，妈妈说好看我才会买。朋友们完全不能理解我的做法，我有时候甚至觉得，朋友根本不愿意和我一起玩，是迫不得已才带着我。每当这时候，我都觉得自己好惨啊。

朴老师：看来梓恩非常依赖妈妈啊。

梓恩：因为妈妈从小就是这样把我养大的。我是独生女，所以她对我的保护有点过度，我现在连自行车都不会骑，就因为妈妈说太危险了，不让我学。和朋友们在一起的时候，我从来没有表达过自己的意见。每次都是朋友说去干什么我就干什么，即使我不想去也不敢说，我也从来没表达过自己想做什么……

朴老师：梓恩心里觉得这样的自己很郁闷吗?

梓恩：有一次爸爸妈妈出去旅游了，就让我在姨妈家住了几天。但是因为妈妈不在身边，我都不知道自己该干什么。当我给妈妈打电话，她告诉我该做什么的时候，我心里一下就轻松了许多。表弟看到我的样子说他都觉得憋得慌，问我是怎么活到现在的。唉，你都不知道我当时有多尴尬。其实我也很讨厌这样的自己，但是我又不知道该怎么办。我害怕自己的选择会出差错……

朴老师：梓恩，老师再和你说一遍，人是可以改变的。

而且不仅能改变，也能变得幸福。

梓恩：真的可以吗？就连我也可以吗？

朴老师：梓恩你知道吗？人们之所以会有现在的状态，其实都出于自己的决定。因此，如果你想要改变的话，下定决心去做就行。

梓恩：自己的决定？您是说，我现在之所以活得像妈妈的玩偶一样，其实是我想这么做吗？怎么可能？我只是从小习惯了听从妈妈的安排而已。

朴老师：事情果真如你所说这样吗？人们通常都会试图从过去的事情中寻找现在的所作所为的原因，这个就叫作"原因论"①。但是阿德勒并不认可原因论，他主张"目的论"②。梓恩现在已经读高一了，其实完全可以慢慢放开妈妈的手了，但你依旧紧抓着不放，觉得听从妈妈的安排最好，这难道不

---

① 原因论：是一门研究事件发生因果关系的学问。这一门学问在医学界比较常见，被称为"病原学"或"病因学"，专门研究有关疾病的成因及解决方法。另外，在神秘学、哲学或其他学科亦有采用原因论的方法。在哲学、物理、心理学、政府运作或生物学里，原因论被用于解释多种现象的起因，也包括了为什么事件会发生，以及事件发生的背后牵动因由。

② 目的论：是一种唯心主义哲学学说。它认为自然界的一切事物都有其存在的目的。还认为某种观念的目的是预先规定事物、现象存在和发展以及它们之间关系的原因和根据。目的论有两种主要的表现形式，即外在的目的论和内在的目的论。

是也抱着某种目的吗?

梓恩: 目的? 我没觉得有什么目的啊?

朴老师: 你的目的就是不想为自己的选择负责。你所有的行为都是听从了妈妈的安排,因此就算出了什么差错那也是妈妈的问题,你就是这么想的吧?

梓恩: 难道这也是我的问题? 妈妈就一点错都没有吗?

朴老师: 也不能说你妈妈的这种教育方式是正确的,但是并非所有受到过分保护而成长的人都像你一样依赖父母,无条件听从父母安排。而且最重要的是,你现在责怪妈妈的教育方式有问题,但自己如果不改变,你的现状也不会有什么改变。

梓恩: 您的意思是,虽然我们能指出过去的错误,但是不会改变现状,对吗?

朴老师: 梓恩现在正处于不安之中,因为你如果不听妈妈的话自己做决定,就得为自己的行为负责。但是梓恩啊,自由其实就意味着责任。

梓恩: 如果我想要自由,就要对自己的行为负责吗?

朴老师：当然。在我看来，梓恩现在需要一些小小的勇气来自己决定做一些小事情。

梓恩：勇气？

朴老师：是的，勇气。就算做错了又能怎样？失败是成功之母。你想象一下，当你和妈妈第一次去一家饭店时，妈妈推荐了几个菜你不喜欢，于是你点了别的菜，但是最后发现味道并不好吃。妈妈点的菜反而味道不错，这时你会怎么想呢？

梓恩：肯定觉得还不如当初听妈妈的话呢，我果然还是不能自己擅自做决定啊。

朴老师：梓恩啊，一次点菜失败对你来说是什么非常严重的问题吗？这次失败的阴影会伴随你一辈子吗？

梓恩：当然不会了。

朴老师：那你为什么会因为点菜失败而对自己的选择那么失望呢？

梓恩：如果没有吃到想吃的菜肯定会觉得放不下，那还不如尝试过之后发现不好吃来的痛快呢。啊，您是想说，失败了不必感到挫折，慢慢尝试几次之后我就能找到适合自己口味的菜了，是吗？

朴老师：没错，我就是这个意思！独生子女在成长的过程中本来就非常孤独，父母给予过度保护的情况非常多，因此孩子容易形成依赖型人格。但也正是因为从小受到了很多关爱，所以他们会更容易相信别人、会更照顾人、会更积极向上。如果你能鼓起勇气，慢慢锻炼自己从小事开始做决定的话，你很快就能获取自信心，学会自立的。

梓恩：您说这些话都是为了给我信心吗？

朴老师：不是哦，这些原本就是事实呀！

🔺 阿德勒提高勇气的诀窍！

　　独生子女常常会受到过分保护。父母原本应该在合适的时候帮助孩子学会独立，但是出于不安或是安全方面的考虑，经常替孩子做了原本该由他们自己做的决定。这些被剥夺了决定权的孩子渐渐地就会习惯性地让他人替自己做决定，甚至连一些非常细小的、无关紧要的事情都无法自己做决定。随之而来更大的问题是，由于长时间依赖他人，孩子会渐渐丧失自信心，还会出现无法判断自己的选择是对是错的状况。你想想看，如果你现在身处这样的情景当中，你会觉得多么无力啊！

　　如果你现在就有这种感觉的话，你也不必觉得受挫。你应该从现在开始，锻炼自己从小事开始做决定的能力。学会做出自己的选择，学会为自己的选择负责，慢慢地你就变得成熟了。然后你会发现，原来自己是一个很有能力的人。

即使花销很大我也想受到关注

朴老师：你叫恩浩？

恩浩：老师，我错了。我真的知道错了。

朴老师：哎呀，我只是叫了你的名字而已啊！

恩浩：妈妈已经把事情告诉您了吧？

朴老师：你妈妈只是想让我劝你听话啊。难道她有什么话不方便告诉我吗？

恩浩：真的吗？妈妈什么都没说？

朴老师：真的啊。但是我现在开始好奇了，你到底做错什么了啊？

恩浩：唉……其实，我从妈妈钱包里拿钱了。

朴老师：你拿钱打算干什么呢？是想买什么东西吗？

恩浩：不是的，我只是请朋友们吃了汉堡。

朴老师：看来是你很想吃汉堡，但是零花钱不够啊。你觉得妈妈给的零花钱太少了吗？

恩浩：不是的，我不觉得少，而且在朋友当中我的零花钱也不算少。只不过……我花钱有点大手大脚。

朴老师：你为什么花销这么大啊？因为有什么费钱的兴趣爱好吗？

恩浩：那倒不是，我比较喜欢请朋友们吃东西，比如汉堡啊、比萨啊……

朴老师：是这样啊。请朋友吃饭的话，你会很开心吗？

恩浩：嗯，因为朋友很喜欢嘛。其实我也知道他们不是喜欢我，只是喜欢我买的东西而已。我害怕如果不请客的话，他们就不带我玩了。我运动一般般，学习也不好，还不幽默，做事又过于小心谨慎……

朴老师：嗯……看来恩浩并不知道该怎么和朋友相处啊。我先问你一个问题，你喜欢你自己吗？

恩浩：我不喜欢自己。因为我不受朋友们欢迎！

朴老师：你希望朋友们喜欢你，但是你却不喜欢自己，你不觉得有点奇怪吗？既然你都不喜欢自己，怎么还能奢求别人喜欢你呢？

恩浩：您说得对，这些道理我也明白……

朴老师：恩浩啊，你把顺序搞错了，首先你得喜欢自己才行。如果你不改变的话，什么事情都不会有改变的。

恩浩：我也想喜欢自己，但是我一点长处都没有，怎么办呢？

朴老师：这个问题会根据你的看法而改变。你说自己过于小心谨慎对吧？换个角度想，那就说明你说话做事都不会特别随便，谨慎也是个优点啊。你说自己没有幽默感，那说明你待人处事都很认真啊。

恩浩：……

朴老师：学习不好？运动也一般？但是比起在这方面优秀的人来说，普通的人更多吧？但那又怎么样？如果在学习和运动上没有天赋的话，擅长别的事情也可以啊。你妈妈说你非常喜欢电影！放假的时候能熬夜把喜欢的电影反复看好几遍，那说明你在喜欢的事情上能够高度集中注意力。你有慎重的性格、卓越的集中力，只要下定决心，就没有完不成的事情！

恩浩：听您这么一说，我突然发现自己好像也有可取之处啊。

朴老师：本来你就是这样的人啊。一开始你就直截了当地承认了错误，没有找理由辩解，那时候我就觉得你很诚实。勇于承认并反省自己的错误也不是件容易的事情呢。最后，老师有个问题想问你。

恩浩：您想问什么？

朴老师：你为什么想受到朋友的关注呢？

恩浩：每个人都想受到关注吧？那才显得很重要啊。

朴老师：你觉得只有朋友喜欢才能证明你是有价值的、是重要的人，对吗？但是你的价值为什么要让朋友来评价呢？恩浩个人原本的价值难道也会随着朋友不同的判断而改变吗？

恩浩：那倒不会……

朴老师：没错。你没必要让别人承认你的价值，因为那完全取决于你个人。你不用担心朋友不喜欢你，毕竟不可能所有人都喜欢你，如果一个人只有吃了你的东西才和你做朋友的话，还不如没这个人好呢。当你把自己打造成为有价值的人时，和你相配的朋友自然就会出现。

恩浩：真的吗？

朴老师：当然了。你现在应该学会如何积极地看待自己。与其花时间等待那些想吃东西的朋友，还不如用这段时间好好审视一下自己，寻找自己的优点，给自己加油鼓劲呢。你知道语言的力量无比巨大吗？你尝试一下，用手拍一拍胸口，然后对自己说"我能行"！这个行为真的能产生正能量呢。

恩浩：老师，谢谢您！跟您聊完之后，我才发现我以前有多傻。我居然为了给朋友买东西而拿妈妈钱包里的钱！我得去向妈妈道歉。

朴老师：你看，我就说恩浩是个好孩子！趁你现在下了决心，就赶快去吧。

▲ 阿德勒提高勇气的诀窍！

让别人来评价自己的价值是非常不可取的。每个人重视的点都不一样，因此不论你做什么事情，都会有人赞同，也会有人反对。你怎么可能符合每个人的标准呢？因此，我们只要学会信任自己、尊重自己就可以了。

如果我们从小就生活在一个有助于培养自尊心的环境中，那是最好不过的了。但是如果没有这样的环境你也不必失望，只要从现在开始，不断积累自信就行了。人只要下定决心，就没有做不成的事情，每个人原本的样子都很不错。我们要学会积极看待自身，学会关注自己的优点。如果你改变了对自己的看法，那么别人对你的看法也会改变。你要坚信这一点。

爸爸说我的人生非常失败

　　朴老师：你妈妈说你很聪明，但就不好好学习，所以她非常着急。小贤，你怎么想这件事呢？

　　小贤：就那样吧……大家都说我的智商随了爸爸。我爸是大学教授。

　　朴老师：哇，那你爸爸学习一定很好吧？你从爸爸那里学到了很多吧？

　　小贤：上中学之前都是爸爸教我的。但是现在我们争吵的时间比学习的时间多多了，几乎也不怎么见面了。哎哟，他一直唠叨我，想想都烦！

朴老师：爸爸都说你什么啊？

小贤：全是车轱辘话来回说：你要是学习不好，肯定就没办法成功；你看看我，农村的穷孩子要是不好好学习，我还能生活得这么好吗？爷爷把牛卖了攒钱让我上的学，我们那时候多困难啊，现在爸爸妈妈给你创造了这么好的环境，要什么有什么，你怎么就不好好学习呢？你简直无可救药了……

朴老师：哎呀，先喘口气休息一下吧。看来小贤心里也积攒了不少怨气啊？

小贤：肯定的啊。如果我的成绩下降了，我爸根本就不会正眼看我，最近，在我爸眼里我估计连人都不算。他可能觉得我已经废了，所以现在只关心弟弟，根本不管我。

朴老师：怎么能这样啊？小贤肯定也很伤心吧？

小贤：说实话，我也觉得自己不好。按照爸爸的说法，我已经注定不能成功了，所以我打算就这么混日子算了，反正已经这样了。

朴老师：就是因为这样，你才每天什么都不做，只顾着玩手机游戏啊？

小贤：除了游戏，我也没什么想做的事情了。

朴老师：小贤啊，你觉得学习就是人生的全部吗？

小贤：不啊，我不是这样想的。学习不好但是非常成功的人也很多。我最喜欢的歌手说，虽然上学能学到很多东西，但是他想把更多的时间和精力投入自己想做的事情中，所以他高中就退学了。比起盲目地学习，自己制定一个目标并为之奋斗不是更棒吗？

朴老师：看来你都明白啊。那为什么你一点都不努力呢？你甚至没有自己的准则，而是按照爸爸的标准放弃了自己。你不觉得你这样做有问题吗？

小贤：但是，如果我没有按爸爸的标准做事，那他就不会认可我。

朴老师：那样的话就是你爸爸的问题，而不是你的问题了。小贤已经长大了，应该有能力按照自己的标准来衡量自己了吧？

小贤：嗯嗯，我应该可以吧？不对，我可以！但为什么我以前没有想过这些呢？哇，心情一下子就变得舒畅了。

朴老师：我觉得你爸爸也应该明白，小贤的人生意义并不应该是满足爸爸的期待。爸爸为了过上想过的生活，一直在努力奋斗，那么小贤的努力也应该是为了实现小贤自己的愿望。你说对吗？

小贤：没错。我也非常想对爸爸说这句话！但是我没有信心说服爸爸。他肯定又会说什么"你现在还不了解社会上的事情""你还小，不懂事"。他根本不会认真听我说什么。

朴老师：小贤，你很想得到爸爸的认可吗？

小贤：当然想。

朴老师：阿德勒心理学中有这样一个观点，认为人们应该放弃过度的"认可需求"。认可需求这种欲求是没办法完全消失的，但是我们不能觉得只有得到他人的认可，才能证明自己存在的价值。过度的认可需求是不健康的。

小贤：您是说我要摆脱过度的认可需求吗？是让我不要期盼着被他人认可吗？为什么呢？被别人认可难道不是一件好事吗？

朴老师：你如果想要被认可，不就得迎合别人的标准吗？正是因为你的行为符合别人的标准，他们才会认可你，才会称赞你。

小贤：天呐，我从来没想过这些。

朴老师：那你今后就多想一想，怎么样？思考一下你到底要按照谁的标准生活。如果别人和你的标准不一样，那你可能因此会被指责。但是，你只有拥有战胜这些困难的勇气，才能真正过上属于自己的生活。

小贤：啊……我好像有点明白您想说什么了。

朴老师：我并不是让你无视你爸爸的话。你爸爸在这个社会上摸爬滚打的时间比你久，累积的经验比你多，他正是因为希望自己能帮到你，才会一直唠叨的。希望你能理解他的心，慢慢向他展示那个专属于你的世界。

小贤：我爸爸是那种觉得只有自己的话才对的人，他真的能改变吗？

朴老师：如果爸爸能改变就最好了，但是就算他不改变也没什么，那不是你该担心的事情，你有没有努力才是最重要的。还有一点，小贤觉得妈妈说的话对吗？一个孩子只要下定决心学习就能学好，现在只是没有学习而已，你觉得这样的孩子是正常的吗？

小贤：那个……

朴老师：我觉得你自己知道这个问题的答案，我就不再多说什么了。你要明白，人们平时说自己什么都能做好，只不过是不想做，没有下定决心等，这都是借口而已。这些话的意思是"我有能力完成这件事，但是我不想做"。这都是给自己找的借口，想要给自己留个余地，因为这些人害怕万一真的去做了，最终却落个失败的下场。其实你没必要害怕失败。你想一下小孩学习走路，谁不是摔过很多跤才学会走？全世界没有一开始就会走路的人！小贤也是经过当年的锻炼，现在才能脚踏实地地前行呀！失败是成功之母。

小贤：啊，听您这样说完我觉得很惭愧，就好像我胆怯的内心被您看穿了一样。

朴老师：哈哈，是不是觉得心里像是被针扎了一下？我只是希望能够捅破小贤内心中的脓包，因为只有去掉脓包才能尽快长出新肉啊。

🔺 阿德勒提高勇气的诀窍！

人们总是在用各自不同的眼光审视这个世界。也就是说，即使是相同的事情或者物品，在不同的人眼中，也会拥有不同的价值和重要性。换句话说，在我们看来非常重要的东西，对于其他人来说就没有那么重要了；而别人视之为宝的物品，我们可能会觉得一文不值。因此，如果为了迎合别人，费尽心力去完成目标，我可以保证，这会非常难。

我们要学会用自己的眼光看世界。只有这样，我们才能找到真正喜欢的事情，才能为了实现目标倾注热情。你觉得没办法忽略周围期待的目光吗？那你要记住，如果是这样，你这辈子就只能为了他人的期待活着了。如果你不想过这样的生活，就必须鼓起勇气，坚定自己的信念！

父母是因为我才吵架的吗

朴老师：玄振，你怎么一直在外面待着啊？爸爸妈妈又吵架了？你快进来，想喝点什么呢？

玄振：是啊，他们今天又吵架了，还说要离婚。

朴老师：那玄振一定很伤心啊。

玄振：老师，如果我消失了的话，我父母是不是就不会吵着要离婚了？

朴老师：啊？你这话是什么意思啊？你觉得父母是因为你才吵架的吗？

玄振：虽然可能不仅仅是因为我，但是肯定也有一部分是我的原因。

朴老师：你为什么这么想呢？

玄振：从爸爸的话里就能听出来啊。他说自己每天拼命工作赚钱回来，结果家里还一直没钱，家里是不是有什么吃钱的"鬼"存在？他说谁都不是赚钱的机器，明明钱是他挣来的，但是为什么他自己没钱花？这时妈妈就会说，吃钱的"鬼"就是我和弟弟，为了养活我们，供我们上学，她自己都没好好买过化妆品。她边哭边问爸爸知不知道养孩子需要多少钱，明明爸爸什么都不懂，每个月只赚那么点工资还有什么好显摆的呢？每当这种时候，我都不知道该怎么办，有时候简直想钻进地缝里。

朴老师：看来玄振内心受了很大的伤害。但是，这并不是你的问题。

玄振：怎么可能不是我的问题啊？爸爸总说生活没有意思，如果我学习成绩很好的话，他就不会这么说了吧？妈妈说对不起我，不能送我去更好的补习班。但是妈妈为什么要向我道歉呢？明明是我学得不好，该道歉的人是我才对啊。真正学习好的人，就算不去补习班也能考出好成绩。要是我学习好的话……

朴老师：玄振啊，你好好听我说。每个人的一生中都会遇到大大小小的问题。而且各自的问题都需要自己负责，解决这些问题是我们每个人的义务，也是我们的权利。换句话说，玄振只需要解决自己的问题，而父母的争吵是他们的问题，留给他们自己解决就好。玄振不必承担父母的责任。

玄振：可是父母是因为我而吵架的，我也不用管吗？

朴老师：在我看来，你父母可能是因为感情有问题，他们只是拿你当借口在互相伤害。而且就算他们真的是因为你而吵架，那也是他们自己的问题。他们是父母，解决养育孩子时出现的问题是他们的责任。玄振啊，你知道这里是阿德勒心理咨询中心吧？

玄振：我知道呢，这里是运用阿德勒心理学的理论，帮助青少年解决问题的地方。

朴老师：你懂得很多嘛。阿德勒认为，"课题分离"①理论可以解决类似的问题。

---

① 课题分离：阿德勒认为，一切人际关系矛盾，都起因于对别人的课题妄加干涉，或者自己的课题被别人妄加干涉。因此要想解决好人际关系问题，最重要的就是要区分什么是你的课题，什么是我的课题。

玄振：课题分离？

朴老师：嗯。中心理论就是说每个人的课题都需要各自承担。

玄振：也就是说每个人都要承担自己的责任呗？

朴老师：换一种说法，就是让你不要干涉别人的事。你父母今后可能还会有争吵，如果他们的问题得不到解决，他们甚至可能会离婚。但不论什么结果，那都是他们的选择。因此，不管发生什么事情，都不是你的问题，也不是你该承担的责任。你只要站在你该站的位置上，做你能做的事情就可以了。

玄振：可是，如果我爸爸妈妈离婚的话，我很有可能会变得不幸啊！难道我不应该尽力阻止他们离婚吗？

朴老师：谁说你父母离婚了你就会变得不幸？根据统计结果来看，咱们国家（特指韩国）的离婚率已经超过了40%，甚至接近于50%，是离婚率非常高的国家。也就是说，两对夫妻中就有一对选择了离婚。那么，这些离婚家庭的孩子都很不幸吗？

玄振：那应该不是。

朴老师：那么每个人幸福与不幸的原因是什么呢？他们有什么不同呢？

玄振：我不太明白。

朴老师：嗯，那我再告诉你一句阿德勒的名言。他说每个人的人生价值都是自己赋予的。

玄振：啊……

朴老师：玄振，不要因为你做不到的事情而感到自责和疲惫。你现在只要尽量做好你能做的事情就行了。人们不是经常把人生比作舞台嘛。你想想看，你就是站在舞台中央的主人公，圆圆的聚光灯照亮了你的脚下。那么此时，舞台其他的地方应该都陷入了黑暗，你只能看到灯光照亮的地方，这时的你也不必去看别的地方。人生也是如此。你不用为了"过去"和"未来"而操心，只要关注"现在""这里"，力所能及地做好自己的事情就可以了，自然而然的，每一个"现在"就能构成美好的人生。所以啊，玄振现在最想做什么事情呢？

玄振：嗯……我想先睡一觉。一直都紧绷着神经，我觉得好累啊。

朴老师：是吗？那你快点回家吧，回去好好睡一觉。我希望你睡醒之后先思考一下自己的问题而不是父母的问题。思考一下自己到底是什么类型的人？今后想做什么事情？

玄振：老师，其实我有自己的梦想，我对角色设计很感兴趣。我的梦想就是塑造一个像波鲁鲁①那样世界闻名的角色。我以前在某地举办的吉祥物征集比赛上还获过奖呢。

朴老师：真的吗？那说明你很厉害啊！那你今天先好好休息一下，从明天开始想一想，为了实现这个梦想你应该做点什么，即使是很小的事情也可以。每天哪怕只是进步一点点，你也要努力。

玄振：那我要不要尝试一下画个新角色？每天只画一点，一周也能画出来了。

朴老师：哎呀，你的心情终于好点啦。你以后只要集中精力做你想做的事情就行了。

---

① 波鲁鲁：韩国动漫《波鲁鲁冰雪大冒险》中一只小企鹅的名字。

🔺 阿德勒提高勇气的诀窍!

　　每当发现父母正在面临离婚危机或者真的离婚了的时候,不少孩子会将问题归咎于自己,甚至为此感到自责。他们觉得自己需要从中调和父母的关系,但没有做到,或者是觉得父母因为自己而变得疏远,这些问题都会让他们有负罪感。一旦这种负罪感深入内心,他们会把别人的问题归咎到自己身上,觉得非常自责,甚至会努力给予补偿。

　　其实每个人都有自己的角色和责任。所以,我们不该承担别人的"课题",甚至为此感到痛苦。即使父母和子女是最为亲密的关系,也不能承担彼此的"课题"。

　　离婚永远都是父母的问题,当然了,孩子们在旁边看父母吵架会非常痛苦和困难。但是,我们并不能以此为借口放纵自己。偶尔会看到一些人将自己目前不满意的状态归咎于小时候父母离异导致的。但并非离异家庭的孩子都过着不幸的生活。如果你现在因为父母的争吵而感觉生活混乱的话,你就想想现在需要你做什么呢?

不当第一，人生就没有意义了吗

朴老师：成勋，你好啊。哇，你在画什么啊？机器人吗？你画得很不错呀！

成勋：一般般吧，我闲得无聊时画一画。

朴老师：听说你以前制作过机器人啊！据说参加比赛还拿过奖，那你实力很强吧？我的侄子对机器人也很感兴趣，但是他并不会做机器人。

成勋：我也没有很厉害啦。之前参加过国际机器人奥林匹克国内预选赛，但是我只得了第三名，没能晋级国际大赛。继续坚持下去好像也没有什么进步空间，所以就放弃了。我好像无法成为最厉害的机器人制造师呢。

朴老师：你一定要成为最厉害的那个人吗？

成勋：当然了。不管是挑战什么领域，都要做最厉害的人吧？不久前我参加了市里举办的青少年自行车骑行比赛，只拿了第二名，太遗憾了！能参加这次比赛都得益于从小和爸爸进行的周末骑行运动。原本我想以这次比赛为契机，成为一名职业选手。但是现在看来时机也错过了，父母也反对，所以我就放弃了。要是我能再早一点接触这个领域就好了……最近我觉得非常迷茫，不知道该做什么。努力学习也不见成绩提高……尝试了很多领域，但是也没发现自己比别人做得更好。我担心再这样下去我将一事无成，因此非常地不安。

朴老师：嗯，我了解了。原来成勋是需要"变得平凡的勇气"啊。

成勋：变得平凡的勇气？居然还有这种勇气啊？居然还是变得平凡？我想变成"特别"的人，才不要平凡呢！说得好听一些是平凡，说得不好听就是碌碌无为嘛。谁会喜欢平凡的人啊？

朴老师：有没有人喜欢就那么重要吗？成勋长这么大，就期盼着被人喜欢吗？如果是这样的话，你就得一直在意别人的眼光，要迎合别人才行啊。你不觉得很累吗？

成勋：虽然我的确有点累，但那也比当一个碌碌无为的人强吧？

朴老师：看来成勋很怕被人看不起啊？你是不是觉得，人如果不能非常优秀的话，就是无能的表现？

成勋：那是当然。

朴老师：那你可想错了。平凡意味着并不需要向他人炫耀自己，这与无能并没有什么关系。所以，强调自己的不平凡其实等同于害怕被别人看不起，也就是说，这是自卑的一种表现。

成勋：您是说我其实很自卑？

朴老师：难道不是吗？你不是一直都无法摆脱想要比别人优秀的想法吗？你不是一直都觉得如果你不优秀就会被人忽视吗？

成勋：我的确真的很怕被朋友忽视。

朴老师：在我看来，现在无视你的明明就是你自己。你完全忽略了自己是什么样的人、自己喜欢什么、做什么能让

76

自己感到幸福，只顾着在别人面前展现自己。

成勋：……

朴老师：每个人都会感觉到自卑。但是自卑并不是不好的东西！如果你因为自己某方面的不足而感到自卑，那你就努力改变、填满不足就好了啊。自卑感其实也是一种督促你进步的动力。但是，你如果不能积极面对自卑感的话，有可能会产生"优越情结"①。这样的人会不断向周围的人展示自己的优越感。你想象一下，如果你身边有这样的朋友，你会有什么感觉呢？

成勋：肯定觉得这种人很烦吧？其实我也明白，有很多人都因此而讨厌我。但是我觉得，这是因为他们比不过我、嫉妒我，所以我根本不在乎他们的看法。

朴老师：即使你不是最厉害的人又能怎么样呢？平凡的人生也很好啊，最重要的是你幸不幸福。在我看来，你每天执着于要当第一是不可能变得幸福的，即使有一天你真的成了最厉害的人也不会非常幸福。

---

① 优越情结：阿德勒人格理论术语，与"自卑情结"相对。它是指凭借虚假的优越条件表现优越感以掩饰自卑感的神经症倾向。阿德勒认为，该情结是一个人对自己的无价值体验和自卑情结的一种过度补偿手段。

成勋：为什么啊？我要是成了第一，会感觉特别幸福啊！

朴老师：你的幸福能持续多久呢？你这一次成了第一不代表一辈子是第一。总会有人来挑战你，终有一天你会从最高的位置走下来。

成勋：那个……

朴老师：你不觉得人生很像登山吗？都是要努力奋斗然后登上顶峰。但是你设想一下，你能一辈子都站在山顶吗？

成勋：那当然不能，但是这世界上的山又不止一座。如果把人生比作登山的话，我一定会继续努力登上下一座山的高峰。

朴老师：那么你的一生就要在爬山的过程中结束了啊？你只能在登上顶峰的短暂时间内感到幸福，但是在下山的过程中，以及攀登另一座山的过程中，都会担心别人是不是走在你的前面，担心有没有被人超越。那么你能够欣赏到清脆的鸟鸣和凉爽的清风吗？我估计，你只是一心盯着山顶向上攀登，根本无法享受周围珍贵的风景！

成勋：但是我好像不能接受自己过着平凡的生活。那我到底该怎么生活呢？

朴老师：我并没有让你过平凡的生活啊。我只是说平凡的生活也很好。你问我该怎么生活，阿德勒有这样一句话，他说要像跳舞一样生活，过好此时此刻。

成勋：像跳舞一样？

朴老师：没错，像跳舞一样。虽然我们会朝着目标前进，但是人生并不是一条直线。你在数学课上学过吧？一条线段是由无数个点组成的。

成勋：我当然知道，小学的时候就学过。

朴老师：同理，我们的人生也是由无数个"刹那"所组成的。就连我们现在所处的"当下"也是有无数个点组成的。你想要努力做到最好的心态很棒，但是你不要只看着前方努力奔跑，你应该为了变好而努力做好当下的事情才对。

成勋：但是这和跳舞有什么关系呢？

朴老师：生活要像跳舞一样专注于每一个时刻。你回忆一下小时候你们跳舞的样子，是不是挥舞着胳膊、扭着屁股、开心地笑着在房间里晃来晃去？也许有站在客厅中央跳舞的小孩子可能会撞到沙发，也可能转到别的角落里。如果我们像跳舞一样开开心心地生活，那总有一天会到达某个地方。那个地方可能是我们梦想中的顶点，当然也可能是某个意想不到的方向。但是一直都很开心、很幸福，而这就已经足够了吧？

成勋：一直很幸福……这真的有可能实现吗？

朴老师：当然能实现啊！你不是一直在寻求新的挑战吗？你可以暂时放弃成为最厉害的人，而是尽量去享受挑战本身。尝试新的事物、看看新的世界，这件事本身就非常有意思啊！说不定有一天，你就能过上自己真正想要的生活。你说对吗？

成勋：仔细回想一下，我虽然一直想成为最厉害的人，但是我也很喜欢挑战新的事物。全神贯注制作机器人的时候、全力踩着自行车踏板感受到耳边清风的时候，我其实都觉得很幸福。我现在好像明白了什么才是最重要的。

朴老师：哇，你现在双眼亮晶晶的，是不是想到接下来要挑战什么了？

成勋：嘿嘿，其实我有想做的事情呢。过去我担心草率开始的话又会失败，没办法成为这个领域最厉害的人，因此一直在犹豫。但是我现在好像能够放平心态去挑战了。

朴老师：成勋啊，有句话说努力的人也是享受生活的人。我希望你今后在全力奋斗的同时，能够学会享受生活。

　　成勋：嗯，谢谢老师！

🔺 阿德勒提高勇气的诀窍！

越是想要展现自己、炫耀自己的人，内心越是惶恐和不安。是因为害怕失败、害怕被别人超越，所以，才会不断地向别人展示自己有多么优秀。

你是不是也觉得周围的所有人都是"对手"呢？认为你们之间存在着竞争关系，觉得赢不了他们就是一种失败。但是这种想法会让你一辈子都无法获得幸福。竞争的结局只有赢家和输家，并且竞争一直在反复，永不停止。

大家要相信身边和你一同生活的人，把他们都当成朋友，大家一起努力生活，共同进步，不是最好的结果吗？

变得优秀的通道并非一条幽窄小径，而是一个比运动场还宽阔的地方。在那里，有人在散步，有人在欣赏路边的花草，每个人的行程速度和生活模式都不尽相同。如果你在这种情况下非要拿第一，只顾着自己低头往前跑的话，又有什么意义呢？

02

你我都是
非常重要的人

我的妈妈什么都要管，真是烦死了

朴老师：夏英，怎么一直叹气啊？天还没有塌呢。

夏英：老师，我好想离家出走啊。

朴老师：离家出走？为什么啊？

夏英：我和妈妈真是一点都合不来，我受不了了！

朴老师：具体有哪些方面合不来呢？

夏英：所有的事情都合不来！我所有的事情妈妈都想管。这个要这么做，那个要那么做……我又不是一两岁的小孩了，不论我怎么和妈妈说我自己能够做好，她都不相信，依旧我行我素。我现在真是受不了了，一看到妈妈的眼睛我就要爆发了！

朴老师：你能说一些具体的例子吗？妈妈到底干涉你什么事情了呢？

夏英：别的事情就先不提了，就说我的房间吧。我想要按照自己的方式在房间里生活，希望妈妈不要干涉。你都不知道我求了妈妈多久，但她还是随时随地进我的房间发牢骚：衣服怎么又堆在椅子上，应该用衣服架撑好挂在衣柜里；看了的书要放回书架上，怎么能就这么展开扔在地上；你看地上的头发都团成一团了，你都不管；墙上就别贴乱七八糟的东西了……

朴老师：看来你妈妈很爱干净啊。

夏英：是的，我甚至觉得她有洁癖。其实我喜欢无拘无束的生活。每天早晨从衣柜里取衣服多麻烦啊？每天都要穿的外衣就搭在椅子上，需要的时候一拿，多方便呀。我觉得把书展开放着，想看的时候拿起来直接就能看，多好啊！不然每次看书的时候还得从书架上拿出来，找到上次看的页数也太费劲了。妈妈总说让我少看点电视多看看书，但是当我想便捷地拿书看时，她又要"干涉"我放书的方式。

朴老师：你和妈妈的生活方式差别有点大，所以才会发生争执。

夏英：前几天，我不小心踩到了扔在地上的书滑倒了。我妈因为这件事唠叨了好久，她好像就等着这一刻似的，马上就说："你看吧，都是因为你不听话把书乱扔才摔的，差点就出问题了吧？"

朴老师：但是妈妈说得也没错啊？的确是差点就出事了呀。你没伤到吧？

夏英：头稍微磕了一下，没什么大问题。

朴老师：我了解你不满的原因了。你因为妈妈的"干涉"感到不满也是正常的。你现在长大了，应该有自己的价值观了。但是妈妈总用她的价值观来判断你，所以才会起冲突。

夏英：就是啊！

朴老师：但是你的价值观现在还没有完全成熟呀！比如前几天的想法，可能现在就变得不一样了；今天的想法可能过几天也会改变。

夏英：呃……这种情况也不能说完全没有。我的确有点善变。

朴老师：这是很正常的。人呀，不光身体会成长，思想也是会成长的。在这个过程中，你会产生形形色色的想法、明白各种新的道理、懂的东西也会越来越多。你想想，你小学时的想法和初中时的想法，和上了高中之后的想法是不是不一样了？

夏英：是呢！我以前只喜欢长得好看的人，但是最近觉得，比起外貌，说话幽默更重要呢，哈哈……

朴老师：这个改变还挺重要的。没错，理想也会随着时间而变化。但是在价值观形成的这段时间内，如果觉得有人不尊重你的价值观，你就很有可能产生强烈的反对心理。比如你正在沙滩上努力堆城堡，这时旁边有个人也堆了一座城堡，还说你的城堡不好看、不能这样堆，你是不是会很生气呢？是不是还会感觉自尊心受了伤害。但是，如果你想要建造更好的城堡，那是不是应该向厉害的人学一学本事呢？

夏英：嗯，也是啊。

朴老师：所以老师建议，你不要把妈妈所有的话都当成"干涉"，你可以思考一下妈妈为什么会对你说这些。虽然老师不太清楚其他事情的前因后果，但是展开的书扔在地上这件事真的很危险，我觉得你应该改一改。虽然上次摔倒没有受伤，但是万一下次出事了怎么办？如果你在读完整本书之前喜欢把书展开放，那你至少要放在书桌上。你觉得这种互相妥协一步的解决方法怎么样？

夏英：这样也行啊。

朴老师：当然，妈妈其实也应该尊重并且接受你拥有自己的生活方式。与其无条件让你按照她的方式生活，还不如先去了解你这么做的原因，当她觉得你的方法有问题时候，也应该充分说明她的理由。妈妈应该让你自己感受到问题的严重性，并且让你主动做出改变，才是最明智的教育方式。

夏英：哇，请老师一定要把这些话转述给我妈妈，一定啊！

🔺 阿德勒提高勇气的诀窍！

　　人都有将自己的行为合理化的倾向，所以会本能地进行辩解，也不喜欢别人的干涉和指责。这种将自己的行为合理化，坚持自己理论的行为其实是"私人逻辑"① 的展现。私人逻辑虽然能够帮助我们拥有区别于他人的人格和个性，但是稍加不慎也会变成陷阱，让我们陷入以自我为中心的深渊。为了让自己的个人逻辑在别人的眼中也具有普遍合理性，我们需要摆脱以自我为中心的思考方式，努力从客观的视角来审视问题。

---

① 私人逻辑：阿德勒认为人的观念、行为、价值观的形成，都是基于事件、感知诠释、信念和决定四个方面的相互影响，并相互作用，这四个方面被称为私人逻辑。

父母设定的回家时间太不合理了

希贞：老师，我父母设定的回家时间太不合理了。我的朋友都没有被设定回家时间，只有我一个人需要到点就回家。现在又不是古代，我只是想自由自在地和朋友出去玩，只要不太晚回家不就行了吗？但是我父母根本就不听我说话。老师，你教教我该怎么说服父母吧！

朴老师：希贞啊，你慢慢说，不着急。你的问题是回家时间不合理？父母让你几点回家啊？

希贞：周一到周五是晚上十一点，周末是六点。平时上完补习班就已经十点半了，就算我一下课往家赶也得十一点才能到家。同学们下课之后都会一起去吃炒年糕之类的小吃，但是我要是稍微晚了一点没到家，父母就着急了。就会打电话问我在哪儿？怎么还不回家？快点回来，如果迟到一分钟就没收零花钱……您都不知道朋友都是怎么看我的。最近她们都不带我玩了。每次都说"你不是得赶快回家嘛"，然后就扔下我走了。

朴老师：但是补习班下课已经很晚了，你妈妈肯定会担心你呀！

希贞：平时就算了，那周末呢？晚上六点就必须回家也太过分了吧？爸爸妈妈总说学生怎么能出去玩到那么晚，早点出门早点回来不就行了。真是郁闷死了！每次玩得正高兴的时候，我都得一个人先回家。朋友们经常抱怨，说都是因为我才总是大白天去KTV。最烦心的是去游乐园的时候，我根本玩不了几个项目就得按照时间回家，套票都浪费了。要是再这样下去，朋友们都不会和我一起玩了。要是我身边有这样的朋友，我肯定也会觉得心烦。

朴老师：那你和父母认真谈过回家时间的问题吗？

希贞：他们得听我说呀，我每次一说，他们就会说："你怎么都不看新闻，你知道最近社会上有多危险吗？你怎么就不知道害怕呢？""你再这样的话就不给你零花钱了！"……

朴老师：那你通常都是怎么回应的呀？

希贞：生气、发脾气、缠着他们闹啊⋯⋯

朴老师：嗯，在我看来，你和父母都需要改变一下彼此的沟通方式。

希贞：怎么改变？

朴老师：你先思考一下这个问题，你觉得父母为什么要设定回家时间？

希贞：当然是因为最近发生了很多危险的事情，他们担心我呀。其实这些我都明白，但是我在外面的时候会很小心谨慎的。

朴老师：看来希贞也知道父母在担心什么啊？但是父母的表达方式有点不合适，因此希贞才会觉得父母的控制太过分了。

希贞：因为真的很过分啊！

朴老师：你知道"控制"都是由上至下实施的吧？因此你才会觉得自己的想法没有被尊重。

希贞：没错，就是这样！

朴老师：阿德勒心理学中有这样一个观点，所有的烦恼都来自人际关系，并且认为，人们应该建立"横向关系"①。

希贞："横向关系"是什么啊？也就是说所有人都是一样的吗？

朴老师：不是，并不是说所有人都要一样，而是说要"平等"，人怎么可能一模一样啊？大家的年龄不同、性别不同、职业不同、各自所处的环境也不同。但是这些不同仅仅是不同而已，不能因为这个就认为谁更优越或自卑。当每个人都是平等的时候，我们该如何对待彼此呢？

希贞：至少不会出现谁控制谁的情况。

朴老师：那彼此之间出现意见冲突的时候该怎么办呢？

希贞：呃……用对话？哎哟，这个问题也太老套了吧？

---

① 横向关系：阿德勒认为人与人之间是横向关系，每个人都是平等的。每个人前进的速度和方向不同，但是人与人之间是平等地走在同一个平面上。

而且我的父母真的没法沟通。

朴老师：正如你父母没有平等地对待你，你也没有平等地对待他们。为什么你觉得不能和父母沟通呢？你刚才说，你通常都会生气、发脾气、缠着他们闹，对吧？这些都不叫作"沟通"。如果你想向别人清晰地表达自己的想法，那你就不能发脾气，而是要好好说话。

希贞：我也并非不分青红皂白地就会发脾气呀。最初的时候，我也试图用谈话的方式来解决问题，但是他们根本就不听我的！

朴老师：那你觉得父母给你设定回家时间的根本原因是什么呢？

希贞：肯定是因为担心我啊。

朴老师：那你再和父母谈一谈这个问题，看看你父母究竟担心你什么方面，看看这个问题是不是只能通过回家时间来解决，或者是看看你究竟怎么做才能让父母安心一点。当然，这个具体的解决方法就需要你自己思考了。当你和父母能够做到换位思考，充分理解对方的想法之后，父母可能就会取消回家时间，允许你自己选择合适的时间回家了！

希贞：真要能做到这样就好了。我回去之后和爸爸妈妈认真沟通一下。

朴老师：自由选择意味着要独自承担更大的责任，这一点你要明白。如果你没能遵守约定，你父母反而会觉得"我家女儿果然还是需要管着。我们得管得更严一点才行"。

希贞：呃呃，那我一定会遵守约定的。

阿德勒提高勇气的诀窍！

　　请大家在脑海中回想一下，小孩是不是会不自觉地模仿所有目之所见的行为呢？有时候会因为不会用勺子而把餐桌弄得一片狼藉，有时还会把妈妈的化妆台弄得一团糟。当你把勺子或者化妆品从孩子手中抢走的时候，他会有什么反应呢？肯定是哭闹着要把东西抢回来吧？我们自然而然地就会想做某些事，会有某些方向的欲求。因此，我们会对自己选择的方向和自己做的决定产生更加强烈的成就感和责任感。我们在进入青少年时期后，自然而然就会想要确保自己生活的自主权。但与此同时，我们也要学会承担责任！万一我们不能对自己做的事情负责，那别人就不会给我们自由选择的权利了。如果你想要维护自己的自主权，你就要清晰明了地表达自己的态度，让别人看到你会为自己的决定负责，也能为他人承担责任。

我怨恨父母把我扔给奶奶养

朴老师：听说允熙离开了父母，现在是和奶奶一起生活，这种状态持续多久了啊？

允熙：我从五岁就开始和奶奶一起住了。最早是因为妈妈怀了二胎太辛苦，所以把我送到奶奶家，让奶奶帮忙照顾我。当时她说生了妹妹就接我回去，后来说等妹妹长大一点再接我，让我再等等。但是妹妹长大了之后妈妈又怀孕了……我就一直和奶奶相依为命。父母让我在这边读完初中，说一定会接我回去上高中的，但是我觉得这就是"空头支票"，只能走一步看一步了。

朴老师：看来允熙一直等着父母来接你回家呀？

允熙：也还好，其实我有点害怕……

朴老师：害怕？为什么啊？

允熙：我现在觉得和奶奶一起住挺舒服的，但一回家的话……反而觉得别扭。

朴老师：一开始的确有可能觉得别扭，但是你肯定很快就会适应的。我觉得这个方面不用太担心……

允熙：我不是担心能不能适应。我是在想，现在还有没有必要和父母一起生活。我现在和奶奶过得很好，不想加入他们之后变得尴尬。

朴老师：看来允熙和家人之间有很深的距离感啊。

允熙：爸爸妈妈也不是和孩子分开就不能活的人。在他们看来，我不就是个可以随便抛弃的女儿吗？我不想从父母身上寻求亲情的庇护。

朴老师：允熙对父母的做法很失望啊？不过这也是情有可原的。爸爸妈妈有没有认真向你解释过目前还不能带你回家的原因呢？

允熙：他们每次和妹妹一起过来的时候都会说一遍。等家里情况再好一点，等妹妹再长大一点……家里到底什么时候才会好？妹妹到底什么时候才能长大？其实只要他们愿意，随时都能接我回去一起生活，因为我们是一家人啊。现在是他们根本不想接我回家。

朴老师：你对父母说过自己很伤心难过吗？

允熙：我没说过……

朴老师：为什么啊？

允熙：如果我说了，爸爸妈妈也会伤心啊。其实我都明白，他们也在为了生活奋斗。只是这样下去的话，我没办法像妹妹一样和父母很好地相处，而且父母和妹妹也已经有了他们之间熟悉的相处模式……

朴老师：允熙啊，父母经常会产生误解，觉得第一个孩子最大，一定能够理解他们的心，因为了解家里的状况所以一定会帮忙。因此很多家长会更加依赖家里的长子长女，但是他们慢慢就会忘记长子长女现在还是个孩子的事实。允熙啊，当你父母和你说家里状况不好，短时间内你得在奶奶家生活的时候，你的心情怎么样啊？

允熙：我很伤心啊。其实爸爸妈妈离开的时候，我真的有种被抛弃的感觉。和奶奶生活的第一天，我哭了一夜，那是我自打有记忆以来哭得最惨的一回。

朴老师：虽然父母听了会心疼，但你也该告诉他们呀。如果你不说的话，他们会一直误以为你过得很好，以为你能理解他们呢。当你觉得难过的时候，可以直接告诉他们"我难过，我不想离开你们"。

允熙：但是明明我自己忍着就行了，何必让所有人都受苦呢？

朴老师：因为你不开心啊。当你不幸福的时候，爸爸妈妈会幸福吗？每个人都有自己要承担的义务，把孩子送走的父母就必须要承担这种痛苦。你也是非常重要的家庭成员之一，当你被重物压垮的时候，家里的其他成员肯定也会受到影响的。到时候，他们将会背负更难以承受的重担。

允熙：那我该怎么说呢？我可以耍赖说不想再和他们分开，让他们马上来接我吗？

朴老师：你实话实说就好。如果你不说，父母和妹妹们怎么能知道你觉得自己被疏远、觉得你和他们有距离呢？你不能通过猜测就认定他们知道你的想法，你要准确地表达自己的想法才行。你觉得语言没有用吗？其实语言的力量无比巨大,你一定要试一试。老师还有件事想问你。

允熙:您想问什么啊?

朴老师:你会付出什么样的努力来消除家人之间的距离感呢?

允熙:啊?努力?

朴老师:对啊。对于现在的你来说,亟待解决的问题就是你对家没有归属感。你觉得造成这个问题的原因仅仅是你们没有生活在一起吗?虽然生活在一个屋檐下会更容易产生感情,但是并不是每一个家庭都非常和睦。有些父母因为工作原因会去外地,有些孩子为了留学也会离开父母,并不是所有因为各种原因不能和父母一起生活的孩子都会感觉到距离感。所以,我们不能单纯地认为家人之间感情的距离和物理距离是成正比的。

允熙:老师的意思是,我之所以觉得有距离感,是因为我没有付出过努力吗?

朴老师:我不是这个意思,我是说你遇到的问题是能够通过努力来解决的。对于人类来说，认同感 [①] 和归属感 [②] 是非常重要的。当你觉得自己没有被认同，没有归属感，茫然游荡的时候，该有多么不安啊？但是你要知道，这种归属感并不是自然而然就能产生的。

允熙：那我怎么做才能产生归属感呢？

朴老师：很简单啊，当你帮助别人的时候，就有归属感了。当你发现自己能帮助爸爸、妈妈、妹妹们的时候，距离感自然就消失了。你只要做些简单的事情就行了，比如说对爸爸妈妈说声爱你们、关心关心妹妹就可以了。就算家人没有感受到你对他们的付出也没什么，只要你觉得自己能帮到家人就够了啊。

允熙：只要这样做就行了吗？

朴老师：其实你现在已经很重要了，只是你自己没有看清自己而已。如果我现在给你父母打电话，对他们说我姓朴，我出车祸了，你觉得他们会有什么反应呢？

---

① 认同感：是指人对自我及周围环境有用或有价值的判断和评估。

② 归属感：又称为"隶属感"，是指个体与所属群体间的一种内在联系，是某一个体对特殊群体及其从属关系的划定、认同和维系，归属感则是这种划定、认同和维系的心理表现。

允熙：他们肯定觉得你是在搞恶作剧。

朴老师：那我换种说法呢？请问您是姜允熙同学的家长吗？允熙出了车祸现在在医院……

允熙：您不会真的打算打这种电话吧？

朴老师：当然不会了。但是你完全能想象到家人会有什么反应吧？其实你对家人来说真的非常重要。

允熙：我现在的心情有点奇怪啊……有些开心，还有些难为情……

⛵ 阿德勒提高勇气的诀窍！

你有和自己年龄差异很大的弟弟妹妹吗？原本你独占父母的关爱，但是当弟弟妹妹出生之后，父母就把对你的爱和关心分给了他们，我能猜到你有多么不安。如果只有你和父母分开生活的话，你可能就会觉得自己被抛弃了，那种难过和委屈更会给你受伤的心灵蒙上阴影。

大人们总是错误地认为孩子了解家里的现状，能够理解他们的迫不得已。但其实孩子是很难理性、客观地看待事情的。当时的氛围、心里的感受，会在孩子心中划出伤口，并慢慢扩大。如果心中的创伤一直没有治愈，那他们很有可能会错误地认为自己没有价值，被抛弃是正常的，在人际交往方面也可能会遇到很多困难，甚至有可能为了确认自己的价值而做出很多荒唐的行为。所以，如果你也有心理创伤，请你冷静客观地分析一下创伤的产生原因到底是什么。如果你还是解不开心结的话，千万不要独自忍耐，你大可以坦诚地说出自己遇到的问题，向身边的亲戚朋友寻求帮助。

为什么大家夸我很听话的时候，
我却很累

朴老师：幸晨，前几天的测试结果显示你的忧郁指数有点高，你的班主任很是担心呢。

幸晨：我也不知道为什么会是这个结果，我没觉得自己有什么问题啊?

朴老师：你的老师夸你是个听话的好学生，说你在朋友当中人气很高。

幸晨：哪有什么人气啊? 只是因为我耳根子软，他们才在有需要的时候来找我。

朴老师：朋友们都拜托你做什么事啊？

幸晨：都是些细碎的小事。让我去小卖部买点东西啦、向我借作业啦或者让我陪他们去什么地方之类的。

朴老师：朋友来找你，你都会答应吗？

幸晨：差不多吧。

朴老师：你不觉得烦吗？

幸晨：其实我都习惯了。因为爸爸妈妈工作太忙，家务事几乎都是我在做，而且还得照顾家里的弟弟妹妹。

朴老师：弟弟妹妹？他们会帮你吗？

幸晨：怎么可能帮我啊？小不点儿们每天还在忙着打架呢。他们年龄差距不大，所以都觉得对方好欺负，动不动就打起来了。而不打架的时候，他们就会把家里弄得一团糟。

朴老师：你比他们大很多吗？

幸晨：老二比我小六岁，老三比我小七岁。

朴老师：那你父母肯定很依赖你吧？

幸晨：不管怎么说我也是老大嘛。

朴老师：在学校帮助同学，在家里照顾弟弟妹妹，你不觉得累吗？我觉得很辛苦啊。

幸晨：其实我也很累……但不是身体上的累，是心累。我总觉得自己像个傻瓜，不对，应该是"冤大头"才对。

朴老师："冤大头"？你怎么能这样评价自己啊？你为什么会产生这种想法呢？

幸晨：就是这样没错啊！朋友们只有在有需要的时候才会装作很亲密的样子来找我，平时对我都不理不睬的。父母也是一样，他们觉得洗衣服、打扫卫生间、洗碗这些家务事就该我去做，要是弟弟妹妹偶尔帮上一次忙，简直要把他们夸上天。弟弟妹妹得了什么荣誉，就是他们做得好；要是他们闯了祸，就会来责备我，说我这个当哥哥的没有照顾好他们。

朴老师：既然你心里积累了这么多怨恨，为什么还说自己没有问题呢？累的时候就要说出来呀。如果你不说，别人怎么知道你是怎么想的呢？试想一下，有一天你终于忍无可忍地爆发了，但是别人并不知道你忍了很久，反而会觉得你莫名其妙呢。随着误会一层层加深，问题就越来越严重了。

幸晨：我说不出口……万一朋友们都不来找我帮忙，父母也完全不让我做家务的话……

朴老师：你为什么要害怕这个呢？你怕别人不会再来找你？还是怕今后再也听不到别人的称赞和感谢呢？幸晨，所有人都说某人是好人，他就真的是好人吗？

幸晨：难不成他是坏人吗？

朴老师：嗯，至少对于他自己来说，他不是个好人。一个人怎么可能对所有人都很好呢？如果真有这样的人，那他一定是牺牲了自己，选择去迎合他人。这种人听了难听的话不敢翻脸，总是勉强自己去做不想做的事情。他们虽然表面上得到了很多称赞，面带微笑，但是他们的内心真的幸福吗？幸晨为什么觉得自己是"冤大头"呢？

幸晨：为了他人牺牲自己就得承受这样的谴责吗？

朴老师：虽然不会受到谴责，但也不是值得称赞的事情。

因为你自己都不幸福，又怎么可能真心想帮别人呢？我们真正需要的不是别人的认可，而是当你帮助别人时获得的成就感。成就感并不用别人给你，而是源于你的内心。即使是生活中的小事也能让你拥有成就感，比如说当父母辛苦工作一天回家之后，你可以站在门口开开心心地迎接他们，爸爸妈妈看到你的笑容就会觉得很欣慰。你要明白，你本身很重要。所以，你知道现在你需要做什么吗？

幸晨：做什么啊？

朴老师：你要喜欢原原本本的自己。你要找到自己的优点，认识到你是一个非常值得别人喜爱的人。每个人都有优点和缺点，在我看来，你不是"冤大头"，你人情味十足，是个值得别人依赖的人。

幸晨：那个……您这种说法听着还挺开心的。

朴老师：没错，你要学会这样增加自信心。当别人拜托你帮忙的时候你也要学会拒绝，当对方提出无理的要求时要认真解释清楚，告诉对方"我帮不了你"；如果他自己嫌麻烦把事情推给你，你可以直接拒绝；如果他因此疏远你的话，那就可以和他斩断联系了。

幸晨：但是我之前都爽快地答应了他们的请求，如果我现在突然拒绝他们的话，他们会不会对我生气？要是我突然开始抱怨家务活儿太多，爸爸妈妈会不会吓一跳啊？

朴老师：如果你解释了拒绝的原因，朋友们还说你的话，那他们真的就是把你当"冤大头"使唤了。那你何必和他们做朋友呢？而你和父母说，就算父母听了会吓一跳，那也必须告诉他们你的想法。做父母的一直在伤孩子的心，但是他们却不知道，这合适吗？你不说才是伤害他们呢。你要鼓起勇气，因为能改变现状的人，只有你自己。

幸晨：唉……我真的能做到吗？

朴老师：如果你想改变，那你必须鼓起勇气。要不然就只能当个"冤大头"了。

🔺 阿德勒提高勇气的诀窍！

　　我们有时能够见到一些为了他人而过度牺牲自己的人。与其说这些人只是单纯想帮助别人，还不如说他们做事只是极度渴求他人的认可。也就是说，他们用称赞和表扬来填补内心过低的自尊值。但是，一个人如果不能自己恢复自尊心，而是依赖他人的评价来确认自身存在感的话，就容易陷入过度牺牲自己、让自己的处境越来越艰难的恶性循环中。

　　帮助别人而获得的成就感当然是满足自尊心的一大要素，但是并非只有做出伟大贡献才能获得成就感。你要知道，你的存在对某些人来说已经是一种贡献了。你想啊，难道朋友必须为你做什么，你才会喜欢他吗？难道不是一起玩耍就很开心了吗？还有那些每天争吵打闹的兄弟姐妹们，难道他们真的希望家人从身边消失吗？

　　当你为了别人而过度牺牲自己的时候，是绝对不会感到幸福的。要记住，生活中的互相帮助才是幸福的。

我为她付出了这么多，她却说我是炫耀

恩秀：老师，我真是要委屈死了！

朴老师：是因为那个叫炫静的朋友吗？你们不是很多年的好朋友吗？

恩秀：以前是好朋友，但现在不是了。我们从小学开始关系就很好，当初因为不能上同一所初中我们还相拥着哭了，后来得知我们被分到同一所高中的时候，我们俩高兴得又哭又笑。

朴老师：这么好的关系，怎么就闹僵了呢？

恩秀：不是关系闹僵了，而是我被她从背后"插了一刀"！不久前我发现炫静总是躲着我，不接我的电话，也不回我的信息。她原本不会这样的！我还在担心她家里是不是又出了什么事，结果前几天有个人来找我，居然说我对炫静太过分了！

朴老师：啊？什么事情太过分了啊？

恩秀：她说我把炫静当成乞丐，对她好也不过是装作在安慰她而已！说炫静因为这很伤心，哭了很久……我听她说完之后震惊得都不知道该做什么了。

朴老师：这些话真的是炫静对她说的吗？是不是这个人误会了啊？

恩秀：我听她说完之后还能坐得住吗？我直接就把炫静叫出来对质了。我问她是不是真的因为我难过得哭过？她居然说是真的！

朴老师：她说因为什么事情难过了吗？

恩秀：炫静家从去年开始出现了问题，因此过得很艰辛。他爸爸辞职之后去做生意了，结果好像赔得一分钱都不剩。所以炫静几乎没什么零花钱，想买什么都买不了。我看她这样很可怜，所以求妈妈买东西的时候也给她买一份。像炒年糕、汉堡这些食物也总是我给她买。

朴老师：那炫静是不是因为总是接受你的馈赠，而觉得有负担呢？

恩秀：就算是这样的话，她也该直接告诉我啊！该收的都收了，扭头就在背后说我在炫耀，她是不是太过分了啊？哎，我真没想到她是这样的人！

朴老师：她说你炫耀？

恩秀：因为我们总是背着同样的书包，穿着同样款式的鞋，朋友就会问我们是不是姐妹装？我就直接回答，是我妈妈给我们买的。这也叫炫耀吗？这就是事实啊。

朴老师：嗯……怎么说呢？站在炫静的立场上来看，也有可能会觉得有点难过吧？

恩秀：那一开始她就别收啊。收礼物的时候装作很开心，扭头就说我的坏话，这种人也太可笑了吧？我问她为什么要这样做，她说虽然一开始是很感激的，但是由于我每次都说东西是我家买的，她渐渐就有一种自己是乞丐的感觉。

朴老师：不管怎么说，从炫静的立场上来看，她收了你

116

东西，肯定是要看你的眼色行事的。如果你想要她做什么，她也不好拒绝。

恩秀：不知道实情的人还以为我是怎么欺负她了呢。其实我是看她最近比较消沉，所以有几次专门叫她出来去市中心玩耍解闷的。结果她居然是那么想我的！而且我对她有多好，那她是不是也该回报我啊？反正出去玩的话也是我结账，我连买化妆品的时候都会给她买一份！

朴老师：那你觉得朋友之间是什么样的关系呢？是不是觉得自己付出了多少，她也得付出多少啊？

恩秀：这样才是公平的吧？

朴老师：公平……那恩秀在和人交往的时候是不是会算得很清楚啊？我从这个人身上得到了这么多，所以我得还给他这么多；我从那个人身上得到了那么多，所以我得回报他那么多。

恩秀：其实每个人心里大概都有个天平吧？比如说如果有人送了我一个价值60元的日记本，那么，他过生日的时候我送一支价值30元的护手霜，他肯定会生气的啊！

朴老师：虽然从某种角度来说，人际交往是需要这样的交换关系，但是人和人的交往并不是去便利店付钱找零的关系。当你想为对方做些什么的时候，必须仅仅是出于善意。如果你希望对方回报什么的话，那就绝对不是善意了。

恩秀：您是说应该不求回报吗？那我岂不是太吃亏了？

朴老师：如果你是抱着这种想法的话，那你就干脆不要去帮助别人。你刚才不是说你为她付出了那么多，所以她也应该回报你，也就是说，因为"我为你付出的更多，所以你就应该听我的"，你在无意间构建了一个上下级关系，所以炫静肯定会觉得不开心啊。

恩秀：您是说，我把朋友关系变成了上下级关系？

朴老师：我不清楚以前是什么样的，但是至少现在是这样。阿德勒心理学提倡"平等的"人际关系，不光朋友是这样，所有的关系都应该是平等的，不论对方是谁，我们都该平等对待。而朋友关系更是应该平等才对。

恩秀：我其实真的是为炫静着想的，真的没有想炫耀啊……

朴老师：恩秀，并不是我们和对方的距离越近就越好，并不是好到形影不离才是好朋友。为了拥有健康良好的关系，我们甚至应该与他人保持一些距离。当电视上出现你喜欢的明星的时候，你肯定想看得清楚一点，但是当你紧紧贴着屏幕的时候还能看得清吗？看不清的。只有保持适当的距离，我们才能把电视画面看清楚，人际关系也是如此。当贴得太紧的时候，你们反而会觉得疲惫。当朋友意志消沉的时候，你在旁边守着她就好；当她想一个人待着的时候，就让她一个人待着。

恩秀：虽然我还没有完全原谅她，但是我也明白这并非是她一个人的错了。我现在的心情很复杂，我得回家好好想一想。

🔺 阿德勒提高勇气的诀窍！

朋友存在的意义是"陪伴"，而不是一定要为我们做点什么。换句话说，我们应该从"存在"的角度看待朋友，而并不是从"行为"的角度。这个道理不仅适用于朋友关系，也适用于所有的人际关系。当我们觉得为朋友付出了很多，所以对方也得这样对待我们时，友情就变成了交易关系。如果你对他的帮助是为了谋求什么回报的，那还不如干脆别帮他，反而还能维持这份友情。

帮助他人其实对你自己是最有利的，因为这证明了你存在的价值。我希望大家能够明白，帮助别人这件事，对你自己来说才是最有意义的。

朋友们在群聊中欺负我

恩英：老师，我真的不知道该怎么办了。

朴老师：你一个人解决不了的问题就说出来，大家一起想办法解决。到底是什么事情让你这么为难啊？

恩英：我们几个朋友建了个群，其中有个朋友总是在群聊中欺负我。她经常会说："你们看到恩英今天穿的裙子了吗？哇，那两条腿还能穿裙子吗？啊，我都要瞎了。我得换眼睛了！"有时候我在群里发了一张吃汉堡的自拍照，她就会回复"呃，你旁边的人都要吐了吧？你就别装可爱了"。然后其他朋友就会跟着她调侃我、嘲笑我、讽刺我……

朴老师：做这件事的经常都是同一个人吗？

恩英：是，她叫蔡颖。后来我实在受不了了，就单独找了她。问她为什么要那样对我？有什么事就直接说啊，为什么要在群聊里取笑我呢？我真的觉得很难过……然后她说知道了，结果她却在群聊中发了这么一条信息，她说"恩英说我在群聊里说的话伤了她的心，对不起，我道歉。我以后在群里什么都不说了"。然后朋友们都来责备我，说明明是大家一起在群里说说笑笑，结果我却单独去找蔡颖。说我真是个可怕的人，蔡颖明明说的都是实话，居然还要受到指责，他们以后也什么都不敢说了……

朴老师：你和那些朋友在现实中也经常见面吗？

恩英：我们是同班同学，所以每天都会见面。但是就算能见到他们，他们也不和我说话，只在群里聊天，所以我也只能参与群聊。就算在一个教室里，我还是觉得自己是独自一人，这种感觉真的很难受。

朴老师：我估计让你退出群也很难吧？如果不知道朋友们背着你说了什么，你会觉得不安；如果继续留在群里，又会受伤……

恩英：没错，其实我也退出了几次呢。但是他们非要把我拉回去。我一退出，他们就拉我回去……

朴老师：你的情况的确需要老师和家长的帮助。我们来一起思考一下最深层的问题吧。有没有可能是你误会了朋友呢？我们在说话的时候并不是单纯地发出声音而已，说话人的表情、动作、长短音、语调，甚至当时的情况都会综合起来，表达一定的意思。但是文字没有那些东西，所以会不会是在这个过程中出了问题呢？

恩英：您是说，其实是我误会了蔡颖在群里发的内容，反而是我伤了她的心吗？

朴老师：我只是让你想想有没有这种可能。如果一开始蔡颖其实是在称赞你，结果因为你的误会，她也觉得有点伤心呢？小误会越攒越多就成了大问题。在你指责别人之前，先想想有没有可能是你误会别人了呢？万一真是因为这种小事伤了感情，多可惜啊。

恩英：那万一不是您说的这样呢？好吧，就当最初是我误会了，但现在误会解开了，也没有什么好转啊，朋友们还是拿我开玩笑，欺负我！

朴老师：是啊，你觉得全世界都在无视你，所以你很难过。但是你现在的世界里只有学校和你周围的朋友而已，当你在这个小团体里感受不到归属感的时候，肯定会很难过。但是恩英，有一点很重要，你一定得记住。

恩英：什么啊？

朴老师：不论什么时候，都有更大的世界在等着你。

恩英：更大的世界？

朴老师：没错。你觉得，你和这些欺负你的朋友们会再相处多久呢？毕业几年之后，就算你想见他们都未必见得到。而且那个时候，你的身边一定有很多新朋友了。

恩英：那毕业之前我就只能这样默默忍受吗？

朴老师：不是哦。恩英，我们其实属于很多个团体。往小了说，我们属于家庭、学校、小区、国家，往大了说我们都是人类的一员，你说对吗？

恩英：咦！没必要上升到人类吧。

朴老师：有必要哦。你觉得现在朋友们总是嘲笑你、欺负你吧？但这只发生在一些朋友之间。如果你把自己放在更大一点的团体里呢？你觉得如果全校师生都知道了这件事，他们会支持那些人吗？

恩英：他们肯定会说是那些人不对啊。

朴老师：那如果这件事被更多的人知道了，变成了社会问题，人们会有什么反应呢？

恩英：肯定会指责那些欺负我的人啊。

朴老师：那到底是你那些朋友说得对呢？还是社会上的大众说得对呢？

恩英：我明白您想说什么了。您是让我放开眼界对吧？

朴老师：没错，我希望你不要像井底之蛙一样，只是关注那个欺负你的"小团体"，你可以把眼光放得长远一点。你可以加入一个自己喜欢的更大的团体，在那里帮助其他人。你为团体贡献得越多，归属感就会越强。

恩英：更大的团体……我还真想到一个，我之前加入了一个公益活动小组，有时候还会和其他学校的同学一起做活动。其实我以前都没有认真参与，现在要改变一下自己了。

朴老师：嗯，这是个很好的方法。你做活动的时候可能会遇到很多合得来的朋友。当你身处更大的社会、遇到更多的人、拥有更多的人际关系时，你就不会再因为这几个人的事情而心烦意乱了。你看这个杯子里的咖啡，如果我把这杯咖啡倒进盆里会怎样？如果我把盆里的水倒进池塘里又会怎样？

恩英：那杯咖啡肯定就会被稀释到无影无踪了。盆里的水也溶进池塘里了。这样一想，我仿佛又有了勇气。老师，谢谢您。

🔺 阿德勒提高勇气的诀窍！

　　最近网络上出现了很多现象，群聊中出现的团体语言暴力、集体孤立事件，都是具有代表性的问题。而集体孤立事件在网络上的问题比在现实生活中甚至更为严重。由于网络没有时间和空间的限制，有更多人在网络世界中为所欲为。而且，人们无法从表面上看出是谁受到了伤害，这也是助长不良风气的原因之一。

　　青少年比任何时候都更加重视同龄群体之间的纽带。当他们无法在群体中得到归属感，觉得被他人排斥时，内心会受到很重的打击。这时最重要的是，大家必须认识到，排斥自己的那个团体并不是全世界。如果觉得自己在某个小团体受到了不公平对待，那么就要努力让自己走出来，去寻找更大的小溪。但有时我们无法独自解决问题，这个时候就要积极地向外界寻求帮助。要相信，无论什么时候，只要我们伸出手，就会有人解救我们于困难之中。

我们个性不同，却十分合得来

朴老师：哎哟，这是谁呀？树荣、正锡快进来。

树荣、正锡：老师好！

朴老师：好久没见了，你们过得怎么样？

树荣：我们挺好的，老师还是和以前一样啊。今年的"青少年阿德勒夏令营"还是如期举行吗？

朴老师：嗯，马上就开始招生了。怎么了？你们还想参加吗？

正锡：我们想让树荣的堂弟来参加。这个夏令营肯定会让他受益终身的。

朴老师：过几天我就会在官网上公布日程了，到时候单独给树荣发一份。你们最近在干什么呢？

树荣：老师，我们在准备假期的背包旅行①。

朴老师：真的吗？好羡慕啊！你们准备去哪儿呢？

树荣：大概是欧洲方向，具体的计划让正锡来说吧。

朴老师：哈哈，你们还像以前一样啊。不用说我都知道，又是树荣闯了祸让正锡来收拾吧？

正锡：是的。其实一开始说要走的时候我还有点害怕，但是树荣为了这次出行，还专门说服了我们两家的父母呢。

朴老师：哇，你们还真是再合适不过的好朋友呢。

树荣：我也觉得是！哈哈。我们身边的人都觉得很神奇。

---

① 背包旅行：指背着背包徒步旅行的人或团体。

我和正锡的个性一看就完全不同，虽然总是争吵不断，但是我们还是好朋友。

朴老师：每次看到你们的时候我都很开心，你们简直就是好朋友的楷模呀。一般在人际交往中，人们都会想要确认自己的优点，所以会更加容易关注对方的缺点。但你们正好相反，总是关注对方的优点，并以此来弥补自己的不足之处。你们两人都很厉害啊。

树荣：其实我也知道自己比较冲动、随性。但是不管我怎么努力，都做不到正锡那样仔细地、有计划地生活。一想到那么多的事情，我的头都要炸了……但是和正锡在一起的时候，我好像就能学会一些技巧，我能从他身上学会很多东西呢。

正锡：我和树荣正相反，如果没有做好计划，我是不敢开始做一件事。因为害怕出现误差，实践的时候会浪费很多时间。我有时羡慕树荣不管不顾地做事，即使做错了，我们也会想办法解决。所以，我有时候也觉得，自己需要像树荣一样，不做计划就去做点什么。

朴老师：每个人都有优点和缺点。但其实比起发挥自己的优点，人们反而会花费更多的时间来改正缺点。甚至有研究表明，人没有一个缺点是马上就能被改正的，所以还不如更关注自己的长处。在这个方面，你俩简直就是天生的好朋友，互相用对方的优点弥补自己的缺点。

树荣：你听到老师说什么了吧？我们得更加关注双方的优点。所以你就别总是戴帽子试图遮住自己的大脑袋了，还不如穿双漂亮的鞋呢，争取把人们的视线吸引到脚下来。

正锡：那你怎么不在胸口上插朵花，用来掩盖你的小短腿呢？争取把人们的视线吸引到上面啊。

树荣：我说过别拿我的短腿开玩笑吧？

正锡：是你先说我脑袋大的！

朴老师：孩子们啊！我们今天见面这么开心，就让我们开心地结束吧。你们出去吵吧，怎么样？

阿德勒提高勇气的诀窍！

　　每个人都有自己独特的价值观和个性，每个人也都是不完美的。如果大家都能认识到这一点，并且像尊重自己一样尊重他人的价值观和个性的话，那大家都能拥有良好的人际关系。也就是说，如果你想和别人好好相处，那就要学会"相互尊重"。对方的缺点由你来解决，你的缺点由对方来弥补，这样才能拥有良好的人际关系。人际关系最重要的就是"弥补"，互相弥补对方的不足，才是"相生"①的秘诀。

---

① 相生：五行学说术语，古人认为木、火、土、金、水五种物质有相互滋生和助长的关系，可用来说明相互协调的现象。

"使坏"，只是为了引起关注

朴老师：勇振，你好啊！

勇振：我不好。我根本用不着接受心理咨询，您赶快把想说的话说完，让我走吧。

朴老师：你性子这么急，如果你不想聊的话就不用聊啊。你不饿吗？要不要尝尝这个？这家的面包超级好吃，这是我刚才排队买回来的。咱们边吃边聊吧，或者你听着就行了。

勇振：那就试试吧。

朴老师：我弟弟是高中老师，他们班有一个别特坏的学生叫石昊。他总是逃学，在学校的时候也动不动就朝同学大喊大叫，欺负同学，上课的时候不好好听讲，总是趴在桌子上睡大觉……

勇振：您是在说我吧？

朴老师：不是啊，我是在说石昊呢！我弟弟怎么教育他都没有用，叫他父母来谈话也没有效果，根本不知道该怎么办。这时候，我给弟弟出了一个主意。

勇振：什么主意啊？

朴老师：我让弟弟绝对不要教育他。

勇振：啊？

朴老师：因为越教育他，他就会越来劲，他惹事的目的其实就是为了受斥责。

勇振：这也太莫名其妙了吧？

朴老师：他想受斥责是为了什么呢？就是为了让别人和他说话，为了得到关注。大部分孩子都会认真做事情，用积极向上的方式来获取称赞和关注。但是他们如果用这种方法没有成功获得关注，就可能会换成相反的方法，比如说闯祸、发脾气，然而结果是老师和同学会渐渐躲避他。你说他的挫败感得多强烈啊？恶性循环下，他会闯更大的祸。这是多么让人心痛的事情啊！

勇振：我才不需要别人的关注呢。

朴老师：我没有说你啊？怎么了？听着听着觉得你和石昊很像吧。石昊小的时候妈妈离家出走了，他爸爸一直在外地工作很少回来，他是和奶奶相依为命长大的。可能是因为他非常孤单，所以才会做些过分的事情来引起别人的关注。其实就是说，他选错了人际交往的方法。如果想要改变石昊，就不能教育他，而是应该教会他正确的人际交往方法。

勇振：正确的人际交往方法？

朴老师：嗯，我告诉弟弟不论石昊怎么闹，都不要理他。但是当他能够控制自己的情绪、集中注意力上课、认真完成作业的时候，就可以对他露出欣慰的表情。

勇振：欣慰的表情？

朴老师：怎么？你觉得要表扬他吗？不是哦。阿德勒心理学认为，表扬并不是很好的相处方法。因为"表扬"经常用于上下级关系之间，我们并不推崇这样的人际关系。阿德勒心理学认为，只有在人人平等的情况下才能更好地解决人际关系中大部分的问题。

勇振：那老师和学生之间难道也是平等关系吗？

朴老师：当然。平等并不是说无条件相同。老师是教书育人的角色，学生是学习知识的角色，师生之间的平等是指人与人之间是平等的。

勇振：切，没意思。那个石昊后来怎么样了？

朴老师：当我弟弟突然改变策略的时候，石昊不知所措。在最开始的一段时间里，石昊为了引起大家的关注折腾得更加严重，变本加厉地欺负同学。但是后来他就发生了变化，现在和同学们相处得也不错。有些时候，当我们感情调节出现问题的时候应该寻找专家的帮助，但是石昊自己就解决了这个问题。

勇振：他居然被老师这种拙劣的伎俩蒙骗了，真是个笨蛋！

朴老师：是吗？他笨不笨我不知道，但是他现在幸福了很多。面包吃完了吧？那你现在可以走了。

勇振：您不和我谈话吗？

朴老师：你不是说没必要吗？

勇振：那您就真的不谈了？

朴老师：怎么了？你有什么话想说吗？

勇振：我没什么想说的。

朴老师：那你走吧，以后要是想找我聊天，随时可以过来。

阿德勒提高勇气的诀窍！

　　我们遇到的绝大多数问题都出现在人际交往的过程中，或者更准确地说，大部分都是人际交往问题。由于我们无法独自生活，所以与他人建立某种关系就是最重要的事情了。但是有些人并没有掌握正确的人际交往法则，当他们用积极的方法没有获得关注的时候，他们就选择了相反的方法。但是通过这种方法获得的关注很难发展成为积极的关系。所以，如果你想建立良好的人际关系，那你要学会使用积极正确的方法。

我也想被人称赞

朴老师：勇振来了？你有什么事吗？

勇振：您说我要是想聊天，随时可以过来。

朴老师：没错，你想说什么啊？啊，要不要先吃点面包？

勇振：我不吃了。我希望您能教教我怎么学习。

朴老师：学习？你怎么突然想学习了？你找到今后的人生目标了？

勇振：我想好好学习，像班长一样得到别人的表扬。

朴老师：表扬？

勇振：嗯，表扬。我最近真的努力忍着不闯祸！但是每到自习课，同学们慢慢开始吵闹的时候，班长都会说是我的问题。我明明什么都没做！我实在觉得不能接受，于是找他理论，然后他居然把我的名字写在了黑板上。结果老师那天罚我打扫卫生间，真是烦死了！

朴老师：他怎么能这样啊？

勇振：这种事情经常发生，我实在受不了，就和老师说了班长的所作所为，结果您知道老师说什么了吗？他问我班长是不是说谎了，他的意思不就是我说谎了吗？他还问我，当老师不在的时候，我有没有好好听班长的话？我真是无语……从那以后，班长就像真当上了老师一样颐指气使。我觉得都是因为我学习不好才会受到这样的待遇，我真的很气愤，很委屈。所以我也想好好学习，只要下定决心，我肯定也能做到！

朴老师：你想要好好学习，这是件好事。但你的动机是想得到表扬，就有点……

勇振：怎么了？想要得到表扬不是好事吗？

朴老师：阿德勒心理学对教育过程中的奖罚手段持怀疑态度。如果孩子做了好事我们就表扬，做了错事就惩罚，那孩子就可能为了得到表扬而好好表现，因为害怕惩罚而不做某些事。

勇振：为什么要想得这么复杂啊？不过您说得也没错。但是如果我身边没有表扬我的人，我该怎么办？

朴老师：就是说啊。如果一个学生看到了玻璃窗上面被人画得一团乱，于是他给擦干净了，这时旁边正好有老师路过，就表扬了他。但是下一次他又遇到了这种状况，可是旁边并没有老师，没有人看到他做好事，那他做好事的欲望会不会减少啊？

勇振：那您想让我怎么做啊？让我不要接受别人的表扬吗？

朴老师：我的意思是，不应该让别人来判断你是应该被表扬还是被惩罚。你认为该做的事就去做，不该做的事就不要做。而学习也是如此，它不是你战胜他人的手段，也不该是你得到称赞的方法。只有当你觉得需要学习来帮助自己实现梦想的时候，你才能学好。你有梦想吗？你应该先想想今后打算做什么？为了实现目标你要学习些什么？制定目标才是提高学习成绩的要领。

勇振：我被班长气到不行，根本没想到这些……

朴老师：勇振啊，你觉得班长和老师会有那样的反应真的不合理吗？你在这件事情中，就没有推波助澜吗？

勇振：嗯……我肯定也有点着急了，但是我现在依然觉得自己没做错啊。

朴老师：虽然你会觉得难过，但是这种状况其实也很正常。你周围的人很难一下子改变对你的看法，这需要一个缓慢的过程。有些人甚至一辈子都会认为你是个爱挑衅的人。但是这又能怎么样呢？他人怎么想，那是他人的事情。

勇振：所以老师您的意思是让我不要理会别人的想法，先做好自己吗？

朴老师：是的，你能改变的只有你自己。你人生的意义又不是别人赋予的，所以别人如何看待你，那都是他们的事。你不要理会他们，只要努力做好自己的事情就行了。这就是阿德勒心理学中的"课题分离"理论。

勇振：课题分离？这个词我喜欢。

朴老师：刚才你不是说只要自己下定决心，肯定也能做到嘛。那你真的很厉害啊，这句话就等于是说自己的人生，你能自己负责啊。这种强大的信心可不是每个人都拥有的。你只要抱着这个信念，坚定地做自己想做的事，你就会成为最幸福的人！

勇振：也就是说，我也能成为很厉害的人啦？

朴老师：那当然了，之前我就感觉到了。

♠ 阿德勒提高勇气的诀窍！

　　教室对于青少年来说是最重要的学习空间了，因为学生在教室里学到的不仅仅是书本上的知识，还会学到很多人际交往的方法和社会经验。如果同学之间的关系是"上下级"关系的话，这将是一个非常可悲的现象。因为我们每个人都希望在平等的关系中得到公正的对待。然而现实情况是，在有些学校、有些班级中，老师常用表扬和惩罚的手段来制衡学生。

　　但是，学生并不会一辈子生活在校园里。不论当时经历了什么，校园都不会定性学生今后的人生。所以，我希望大家牢记这一点，慎重地做出自己人生的每一个选择。

奶奶明明也是女人，
为什么她还会重男轻女

朴老师：听说惠珠因为家里的事情很受伤啊？

惠珠：我家真的很奇怪，不论什么时候，就因为哥哥是男孩，所以全家都宠着他。我觉得这全是因为奶奶重男轻女造成的。

朴老师：你们和奶奶一起生活吗？

惠珠：嗯，自从爷爷几年前去世之后，奶奶就搬到我家住了。

朴老师：奶奶是不是偏心你哥哥？

惠珠：嗯，特别偏心。她每天都说只有长孙过得好家里才能好，女孩总有一天要嫁人，所以对女孩好都是白费力气。您都不知道她偏心得多么明显！

朴老师：那你父母怎么说呢？

惠珠：爸爸还算照顾我吧，我妈……虽然她没有明说，但是她对待我的态度和奶奶没什么两样。如果桌上有好吃的菜，她都会夹给哥哥。她根本不让哥哥做家务，却每天使唤我洗碗、洗衣服，让我做各种事情。您知道最让人生气的是什么吗？我哥他居然觉得这种情况是理所当然的。

朴老师：嗯，看来惠珠真的很伤心啊。

惠珠：我哥除了是个男孩简直一无是处！他的学习成绩根本不如我，妈妈却总说哥哥学习太辛苦，需要多吃点红参补补身体。然后说我吃红参会发胖，于是不让我吃。哥哥是男生所以胖点也没关系，但我是女孩就绝对不能胖！不论什么事情，都会说哥哥是男生怎么怎么样，我是女生所以怎么怎么样……我真的委屈死了！

朴老师：什么？这都什么年代了，怎么还有这么严重的

146

性别歧视啊?

惠珠: 就是说啊! 我的朋友们都不愿意来我家玩, 因为一旦声音大了点, 奶奶就会生气, 说小妮子们聚在一起就是不懂事。但如果哥哥的朋友们来家里玩的话, 怎么闹腾都没事, 奶奶还会把家里所有的好吃的都拿出来, 让他们吃。

朴老师: 唉, 你奶奶也太过分了。我能理解你的愤怒和委屈。你希望妈妈和奶奶改变吗?

惠珠: 当然希望她们改变啦! 妈妈和奶奶明明也是女人, 为什么她们还会重男轻女呢? 就算过去的人们有这种思想, 但现在已经是二十一世纪了啊! 我朋友中, 只有我家会重男轻女。为什么我就得受到歧视, 过委屈的生活呢? 我和奶奶说过很多遍她的做法会让我觉得难过, 但是根本没用, 她一点都不改变。

朴老师: 你希望妈妈和奶奶都能像爸爸那样对你吗?

惠珠: 嗯嗯!

朴老师: 她们改变之后, 你的生活会变好吗?

惠珠: 当然会变好啊! 如果我在家能够受到应有的公平

待遇，肯定就不觉得委屈了啊，而且存在感也会更强。我就能够拥有圆满的家庭生活了。

朴老师：我反而认为，事情未必会这样。

惠珠：为什么啊？

朴老师：因为这就意味着，你的人生完全是在迎合他人。

惠珠：我有点听不懂，老师的意思是妈妈和奶奶并没有做错吗？

朴老师：她们的行为肯定是不对，我也不赞同她们的做法。但是我们很难改变别人，这几乎不可能实现。能让人改变的只有自己。

惠珠：您的意思是，我不该改变妈妈或者奶奶，反而应该改变我自己？这也太过分了吧？我做错什么了吗？就因为我生来是个女孩，我就得这样吗？

朴老师：我不是这个意思。世界上的每个人都不可能受到所有人的喜爱。当你向妈妈和奶奶争取自己权益的时候，是非常累的。她们不会轻易改变的，所以你还是放弃改变她们的想法吧。

惠珠：您居然让我放弃……

朴老师：我们生活的意义在于活得幸福，而并非是要得到他人的肯定，也不用他人来证明你的价值。惠珠是为了妈妈和奶奶的认可而活吗？

惠珠：那倒不是，但是……

朴老师：除了妈妈和奶奶，你的生活中肯定还会遇到很多人因为各种各样的原因而讨厌你。每当这种情况发生时，你都要伤心难过，然后努力得到他们的认可吗？

惠珠：但妈妈和奶奶是家人啊，即使我不喜欢她们，血缘关系也不会改变的啊。我怎么能拿家人和陌生人做比较呢？

朴老师：所以我认为你需要冷静地看待这个问题。就是因为你不能和家人太过计较，所以更要专注自身，想办法改变自己。虽然你很难改变别人，但是当妈妈和奶奶看到你的变化时，她们会不会自己改变呢？

惠珠：当我发生了改变后，妈妈和奶奶也会跟着改变吗？

朴老师：我给你讲个别的女孩的故事吧。她和你年纪差不多，不久前在我这儿接受了心理辅导。她的父亲和你的奶奶一样过分，她哥哥非常讨厌学习，但是她很喜欢。即使她和她哥对待学习的态度这么明了，她爸爸还是经常说"小丫头学习有什么用，花那么多钱都是浪费"。

惠珠：哇，真的吗？那也太过分了吧？

朴老师：但是那个女孩没有自暴自弃，反而更加努力学习，想给自己拼个美好的未来。她高一的时候终于拿到了全校第一，你知道她爸爸知道后做了什么吗？

惠珠：做了什么啊？

朴老师：他爸爸开始偷偷向别人炫耀自己的女儿考了全校第一。也许她爸爸重男轻女的思想仍没有完全改变，但是他也会因为女儿取得好成绩而感到骄傲。

惠珠：如果我能做好事情，妈妈和奶奶也会有这种变化吗？

朴老师：她们可能会，也可能不会。那个女孩也曾经对爸爸说过，自己努力学习就是为了当医生，但是当时他爸爸就没有什么反应，按说应该鼓励一下女儿，但是他却冷冷的。

虽然他现在开始偷偷炫耀女儿，但是这也仅仅是一个小小的变化而已，谁也不知道她的父亲以后会变成什么样子。惠珠的妈妈和奶奶也会是这样，但是我觉得你不用管她们的反应。她们虽然也是女人，但是受到传统家族观念的影响，她们认为女人就是地位低，就是把儿子看得很重要。我希望你不要受这种价值观和家庭氛围的影响，希望你能够过上属于自己的人生。

惠珠：哇，其实我没想到您会和我说这些。但是您看问题的角度和我不一样。我从来没有想过"不论奶奶还是妈妈，她们的人生和我不一样"。我以前不敢这样对待生活在同一个屋檐下的家人，一想到这个问题心情就变得很复杂，人也觉得很寂寞。但是，也许这种想法反而能稍微抚慰我委屈的内心。老师，我可以回家想一想，以后再来找您吗？

朴老师：随时欢迎你来啊。

阿德勒提高勇气的诀窍！

　　阿德勒心理学并不会用性别区分人。阿德勒认为世界上的每一个人都是独一无二的，每个人都能创造自己独特的人生。他在实际生活中也做到了"男女平等"。阿德勒的妻子是俄罗斯人，但他一直努力维持夫妻间的平等关系，在人格方面也非常尊重他妻子。相反，在韩国，由于受传统思想的影响，重男轻女观念的残余根深蒂固，依然有人认为只有男人才能传宗接代、供奉祖先。虽然时代已经大变样，但老人们仍然没有摒弃重男轻女的思想。很多老奶奶们必须生下儿子传宗接代，否则就会带着负罪感走完余生，这是那个时代女性的悲哀。她们也不是自己要选择成为女性的，她们受到如此不公平的待遇，这得多委屈啊？然而她们却屈服于陈旧的思想，变成了同样歧视女性的人，这太悲哀了。

　　如果你因为是女孩而受到歧视，我认为你不用伤心难过或是努力去赢得大家的认可和喜爱，你只要过好自己的生活就行了。你要学会忽略那些"折磨"你的事情和环境，好好规划自己的未来，坚定不移地走向美好生活。总有一天，你会因为自己成为一个努力生活的人，而感到骄傲和自豪。

03

即使身处困境，也要拥有远大的梦想

遵从父母的意见选择志愿
才是最安全的

允儿：老师，我好像有选择性障碍症，从来都没办法自己做选择、做决定。如果有需要决定的事情，我一般都会听从别人的意见，或者按照爸爸妈妈的指示去做。但通常情况下，父母的意见是相同的，所以没出现过什么问题，但是这次不一样。马上就要分文理科了，妈妈认为为了今后容易就业，我应该选择读理科，可是爸爸觉得我更适合文科。

朴老师：那允儿是怎么想的呢?

允儿：我见过堂哥堂姐因为就业而备受折磨的过程，因此觉得妈妈说的也没错，但是我的数学成绩不太好，读理科有点吃力，毕竟对于理科生来说数学很重要嘛。相对来说，我的语文和英语成绩更好一点，我也在纠结要不要去读文科……如果父母沟通之后能统一一下意见就好了，由于他们一直定不下来，我也不知道该怎么办。

朴老师：那允儿希望父母选择文科还是理科呢？如果父母统一了意见，你就一定会听吗？为什么呢？

允儿：因为听从父母的意见才是对的啊。

朴老师：但上学的人是允儿不是父母呀，今后要去工作的也是允儿本人啊。那为什么不是允儿自己做决定，而是要听从父母的安排呢？你本人的想法难道不是最重要的吗？

允儿：按理说应该是我自己做决定，但是我现在还小，而父母懂得多，经验也比我丰富。所以我应该听父母的安排才对吧？如果我自己做了决定，以后又发现不合适，那就不好了。

朴老师：那你从小到大听从父母安排所做的事情，就一件都没出过纰漏吗？父母让你做的事情，你都很满意吗？

允儿：那倒也不是。有时候我听了他们的话，却没有达到理想中的结果。

朴老师：允儿当时是什么心情啊？

允儿：当时很伤心啊。所以还冲妈妈发脾气了。

朴老师：因为你觉得造成这个后果的原因是妈妈的失误而不是你自己的失误？因为你不想承担选择之后不好的后果，所以就把责任都推到别人身上。

允儿：呃……听您这么一说，我也觉得心里有点不是滋味。但是每个人都讨厌犯错、害怕失败。如果能避免犯错还是应该尽量避免才对吧？

朴老师：没错，没有人会喜欢失败的感觉。可是允儿，你见过从没摔倒就学会走路的孩子吗？人都是在犯错和失败当中汲取经验，慢慢成长的。

允儿：等我长大之后应该自然而然就能自己做决定了。在这之前，我还是应该听从父母的意见比较安全吧？毕竟他们的经验更丰富一点。

朴老师：允儿觉得多大算是成人呢？二十岁吗？等你到了二十岁，你就突然间能自己做决定了吗？

允儿：不是这样的吗？

朴老师：如果一个孩子因为害怕摔倒而一直爬着走，那等体型变大之后他就能一下子站起来走路了吗？

允儿：所以您的意思是就算失败也要不停地练习吗？

朴老师：差不多吧。我的意思是你要不断练习自己做决定并且承担相应的责任。在这个过程中很有可能出现失败的情况，但只有战胜了失败，你才能积累经验，下一次才能做出更好的选择。而且最重要的一点是，你是最了解自己的人。妈妈为了你的将来所以觉得理科好，爸爸考虑了你的性格所以觉得文科好，但是你需要自己想一想，你现在想学什么呢？

允儿：其实我也很迷茫，不知道今后想做什么……

朴老师：允儿，你有喜欢的明星吗？

允儿：有啊有啊……

朴老师：哈哈，我知道了。真要让你说下去，估计你能说一整晚。你偶像的事情你全都知道，但是自己以后想做什么还是一头雾水，你不觉得有点对不起自己吗？

允儿：……

朴老师：你知道一个人想要变得幸福，最重要的应该是什么吗？

允儿：什么呀？

朴老师：最重要的就是爱自己。如果你有喜欢的人，那你肯定想了解他的全部吧？如果你很爱自己，很了解自己的话，自然而然就知道自己想做什么，做什么样的决定是最适合自己的。允儿现在要学会爱自己、了解自己。

允儿：您是想说，让我从此以后学会自己的事情自己做决定吗？

朴老师：我希望你能做到自己做决定。人只有自己制定了目标，才会产生最强烈的意志去实现它。如果失败了，要学会承担责任，反思一下为什么会失败，以此作为基础为下一次的决定做准备，这样才能拥有成熟的人格。不要害怕错误和失败，那都是成功的垫脚石而已。

允儿：噢……我好像突然想通了很多。比起应该选择文科还是理科，我更应该从内而外地好好思考一下我自己。

朴老师：没错，我也这么觉得。

阿德勒提高勇气的诀窍！

在我们的一生中会遇到无数难题，有时候这的确会让人倍感疲惫。每当问题将临时，有谁能站在我们的角度替我们思考、深思熟虑呢？这个人就是我们自己。没有人会比我们还了解我们的问题，也没有人会主动替我们思考。但是，如果因为害怕麻烦就把做决定的权利推给别人的话，会有什么后果呢？这就等于我们放弃了独立人格应有的权利和资格。也就是说，没有人会把我们当作一个自立的人了。简单举个例子来说，就是类似"妈宝"① 这样的人。

自己做决定并不是意味着可以随心所欲、肆无忌惮。我们要考虑到自身以及周围环境等各方面因素，做出自己可以承担责任的最佳选择。当然，这种自立心理不是一朝一夕就能培养出来的。毕竟昨天还在满地爬的孩子不可能今天突然就能站起来走路了。我们需要从一件件小事开始学着自己做决定，并且承担选择的后果。通过这个过程，慢慢养成自立的习惯。我们每个人都能做到，放心大胆去试试吧。我们的事情要自己决定、自己负责，就这么简单！

---

① 妈宝：指几乎无条件听妈妈话的孩子，没有主见，总是认为妈妈说的是对的，以妈妈为中心的孩子，也指那些被妈妈宠坏了的孩子。

业余爱好不能成为我的特长吗

锡俊：老师，您知道我最讨厌听到什么话吗？我最讨厌"高达能当饭吃吗"这句。

朴老师：高达？你是指那种组装的机器人吧？看来你很喜欢高达呀！

锡俊：嗯，而且我不仅仅会组装，我还会自己喷漆呢。我的手艺可是在我们高达爱好者小团体中很出名呢。甚至有一些大人还会拜托我帮忙喷漆。

朴老师：哇，看来你不仅仅是喜欢啊，你这都是专家水平了。

锡俊：我去年还参加了比赛，获得了初中、高中部最优秀奖呢。很多人都说我的作品比成人组的都好。

朴老师：好厉害啊，看来你在组装高达方面很有天分啊。但是看你今天的样子，周围的人是不是并不认同你的这个才能啊？

锡俊：我非常感谢父母现在不认为高达只是小孩子的玩具了，但是他们觉得比起把时间投入兴趣爱好当中，我还是应该更专注于学习。因此我最近很是郁闷。

朴老师：你那么喜欢高达吗？

锡俊：我只要一想到高达就觉得很幸福，即使熬夜组装高达或是给高达喷漆我都不觉得累。看着我房间里面收集的高达，我就开心得合不拢嘴。其实我最近瞒着爸爸妈妈还在组装高达，但是每次都提心吊胆怕被他们发现，还产生了很强的负罪感……妈妈总唉声叹气地说，如果我把花在高达上的四分之一的精力用来学习，那她就知足了。听到她这么说我也觉得心里很难受。我也很想按照妈妈说的话去做，但就是做不到，怎么办啊？

朴老师：你是不是觉得学习成绩不好，很有压力啊？

锡俊：当然有压力啊。再这样下去，我连首尔全日制 4 年的大学都考不上了。

朴老师：你想去读首尔全日制 4 年的大学吗？

锡俊：考虑到今后的就业问题，至少要读那样的大学才行吧？

朴老师：你按照老师的话思考一下哦！在你们学校里，比你学习成绩好的学生有多少呢？

锡俊：嗯……至少有三位数那么多吧。

朴老师：那么，在你们学校里，比你制作高达水平更高的学生有多少呢？

锡俊：没有比我水平更高的人！这个我能保证！

朴老师：那么制作高达的能力就是锡俊的优势啊。那你为什么不想发挥自己的长处，反而要去在意自己学习不好这个劣势呢？你不要觉得别人都去读大学了，所以我也得去读大学。你应该好好思考一下，如何才能发挥你的优势。你不是说高达的喷漆工序很重要吗？那你就可以为了今后更好地做好这个工作而去读美术学院。与其一味模仿别人，不如为了实现自己的梦想而努力，难道这不是更加令人身心愉悦的事情吗？

锡俊：我能找到和高达有关的工作吗？

朴老师：这一点我们谁都不能保证。但我们生活的目标不就是变得幸福吗？你现在觉得做与高达相关事情的时候最幸福，那你就应该去寻找能够一直幸福下去的方法。什么是未来？未来就是充实地过好每一天，最终你见到的就是未来。所以说，我们要像跳舞一样生活，过好此时此刻。

锡俊：像跳舞一样生活？

朴老师：没错，就像跳舞一样，轻松快乐地过好每时每刻，可能最终我们就会收到意想不到的成果呢！你听说过金素熙 ① 厨师的名字吗？她在奥地利获得过巨大的成功，但有趣的是，她最初去奥地利是为了学习时尚方面的知识而非美食。演员苏志燮 ② 你知道吧？他的倒三角身材和肌肉赢得了好多粉丝的芳心。但他最早的时候是位游泳运动员。还有谁来着？对了，还有我以前特别喜欢的歌手李素恩 ③，她现在

————————

① 金素熙：韩国知名美食家。

② 苏志燮：韩国演员、歌手、模特。

③ 李素恩：歌手、国际律师。

成了一名国际律师。人呐，以后真的不一定会发展成什么样子。这是不是很有意思啊？

锡俊：您是说，我虽然现在这么喜欢高达，但是以后说不定会从事其他类型的工作吗？

朴老师：这件事情没有人能给你准确的答案。谁能知道以后会发生的事情呢？有的人会一直坚持小时候的梦想，但是有的人会找到新的梦想并为之努力奋斗。有的人做着和以前梦想完全相反的事情，也有的人做着和曾经的梦想有关的事情。不论你今后做什么工作，最重要的就是你要幸福。所以，你应该尽量去选择做一些你擅长的事情。每个人都有自己的优点！但是不一定所有人都能发现自己的闪光点。既然你已经找到自己的长处，那还有什么理由不去发挥它呢？人在做自己擅长的事情的时候效率会更高。

锡俊：哇，听您说完之后，我好像有了干劲呢。首先我得好好考虑一下今后的学习目标，好好寻找一下哪个大学和专业能够帮助我更好地发挥优势，感觉这样的学习会比现在有效得多。

朴老师：肯定会更有动力呀。盲目地跟着别人的步伐做事和自主工作有很大的区别，首先心态就是不一样的。人本来就是这样的，如果是自己制定的目标，就更愿意付出努力去实现。

阿德勒提高勇气的诀窍！

　　我们每个人都有与生俱来的独特的优点。当这些优点和我们的发展方向一致时，我们就会拥有更多的动力，更容易集中精力。但是我们常常会忽略自己的优势，转而把大部分注意力用来隐藏或是改善自身的弱点。可是不管我们怎么努力，我们的缺点始终是比不过别人的优点的。因此，充分发挥自己的优势才是最明智的选择。

　　你知道利昂内尔·梅西吧？如果梅西因为个子矮这个不利因素就放弃踢球的话，他就不会成为现在这样的超级明星了。梅西没有因为自己的缺点而受挫，而是利用自己高超的带球技术和精准射门等优点，成了十分优秀的足球运动员。大家要相信，我们也可以变得很优秀。从现在开始，我们要专注于自己的优点！当然，我们首先要做的是找到自己的优点是什么。

妈妈，我也有别的梦想

熙英：我实在是没办法解决我和妈妈之间的思想差异带来的问题了。妈妈固执地认为公务员才是最好的职业，所以我必须去学能考上公务员的学科。

朴老师：熙英不想当公务员吗？

熙英：我从小就想当一名童话作家，妈妈知道这件事的，而且以前她是支持我的。

朴老师：那你妈妈为什么改变想法了呢？

熙英：爸爸去年被单位辞退了，后来为了找新工作，他吃了很多苦，因此现在就是妈妈在养家。她以前一直是家庭主妇，突然让她出去赚钱她也很辛苦的。不知道从哪天开始，她就总说让我去当公务员，因为公务员不会被辞退。

朴老师：看来你妈妈现在很辛苦啊。

熙英：对啊，我也知道妈妈很辛苦，所以想赶快长大补贴家里。但我还是不想当公务员啊，我的性格不适合这个职业。公务员的工作虽然很稳定，但是每天的工作内容几乎都不变，我更想做创意性强一些的工作，即使有风险我也能承受，所以我想从事文艺创作的工作。我和妈妈说想去学自己喜欢的专业，但是我会去打工补贴家用，可是妈妈完全不听。她说写书非常辛苦，全国也没几个人能通过写书养活自己，既然毕业之后也赚不到钱，那花钱读大学还有什么意义呢？还不如高中毕业之后直接考公务员呢。

朴老师：你有很明确的梦想，但是妈妈想让你过更安稳的生活。

熙英：我也不是完全不能理解她的想法。我爸其实也很辛苦，每当我和妈妈发生争执的时候，他什么都不敢说，只能看我俩的眼色。我真的受不了现在这种状况了。如果我始终没办法说服妈妈，我就只能放弃自己的梦想了吗？

朴老师：这个问题有点复杂。现在对你来说，最重要的事情就是直面现实。你要认清现实是什么，然后在现实的基础上，尽你所能地做些现在能做的事情。你先想想为什么妈妈非要让你考公务员呢？她这么做是不是为了让你长大之后不再承受他们现在经历的痛呢？其实妈妈不是想让你当公务员，而是希望你今后能够幸福。

熙英：但是妈妈现在正阻止我走向幸福之路。妈妈认为的幸福是经济上的稳定，但我认为幸福就是做自己想做的事。每当我和她沟通的时候，她就会说：你现在还小，什么都不懂呢；以后你就知道了，梦想是不能当饭吃的；等等。

朴老师：正是因为妈妈有类似的经验呀。难道妈妈从一开始就是"妈妈"的身份吗？她曾经也是个有梦想的少女，但是她在经历了一些事情之后才改变了自己的观念，认为钱是最重要的。所以她才觉得你以后也会改变想法。

熙英：但我毕竟不是妈妈呀。

朴老师：没错，这点才是最重要的。你肯定有自己的梦想和目标，但是你不能要求所有人都能理解你并且支持你。你应该仔细和妈妈说一下你的梦想，说说为了实现梦想你会付出什么努力，你现在有什么样的计划，如果你已经充分明确地表达了自己的想法，但是妈妈还是不理解的话，你也要学会接受现实。我不是劝你按照妈妈说的去做，我只是告诉你，你应该接受他人和你不同的意见。

熙英：您是让我和妈妈维持现在的状态吗？

朴老师：你希望马上就能和妈妈好好相处吗？那你只要听从她的安排就可以了。但是你为了迎合妈妈而放弃了自己的梦想，你能确定以后不会埋怨她吗？如果你选择了自己的梦想，那就会因为得不到妈妈的支持而感到痛苦。现在家里的状况比较艰难，你甚至都无法帮上忙，但是如果你真的想实现梦想，那就要学会克服这一切。

熙英：其实，我最怕的是追求了梦想，但是最终也没能成为一名童话作家，那可怎么办？

朴老师：熙英啊，人生并不是一场定好目标然后冲向终点的比赛，而是一场肆意的旅行。你可以走着走着去闻闻路边鲜花的香气，也可以选择另外的路去其他的地方。如果你努力了，尽情享受每一个瞬间，那么最终也一定会到达某个终点。但是这个终点到底是什么，你怎么可能提前知晓呢？你有可能为了成为一名童话作家而努力，最终却当了一位杂志社的记者，你也可能会成为儿童玩具公司的职员。也可能当你成为公务员之后，才发现其实你也很适合这个工作。

熙英：肆意的……旅行……这句话美好得不像现实啊！

朴老师：我们每个人都能做到啊。如果你能为自己的选择和决定负责的话，还有什么事情是不能实现的呢？

熙英：我真的很想成为一名童话作家，给孩子们展现一个充满想象力的世界。我想让他们在那个世界里尽情玩耍。所以我觉得无法放弃自己的梦想。虽然被妈妈埋怨会很难受，但是我必须学会承受它。妈妈总有一天会理解我的吧？

朴老师：那当然了。因为妈妈爱你呀。

🔺 阿德勒提高勇气的诀窍！

　　父母通常会对子女寄予厚望。因此他们经常会尽力让孩子选择他们自己认为更好的路。而代价就是，在这个过程中，父母和子女之间会产生很多冲突。孩子并不是为了实现父母的愿望而存在的。如果你想要摆脱父母的控制、选择自己的道路，那就也得学会承受冲突带来的不快。否则你就只能当一个"听话的乖孩子"，听从父母所有的安排。父母之所以想把自己的想法强加给孩子，是因为他们觉得孩子还小，无法做出正确的决定和选择，或者是他们并不信任孩子的决定。所以，如果你不能证明他们的想法是错误的，那么在下一次发生冲突的时候，你也许会听到下面的这些话。

　　"你看，我以前说什么了？就是因为这样你才得听父母的话啊！"

　　如果你不想听他们说这些，想坚持自己的梦想的话该怎么做呢？那你就要学会对自己的选择负责，把自己不畏艰难也要实现梦想的决心展现给父母看才行。

工作是否合适并不取决于学习成绩

辉荣：老师，您最近怎么样啊？

朴老师：哎哟，这不是辉荣嘛。你怎么过来了？最近过得好吗？

辉荣：我一直都挺好的，嘿嘿。我马上就要搬去大学宿舍住了。学校比较远，没办法经常来看您，所以走之前来和您打个招呼。

朴老师：辉荣这么快就读大学啦？是什么专业呀？我记得你以前说想当飞行员。

辉荣：我也想啊，但是成绩怎么也提高不了。我纠结了很久，考虑过要不然就放弃自己喜欢的专业，去选择一所相对更好的大学。但是怎么想都觉得不能放弃对飞行的向往。经过仔细了解，我发现有"航空工程师"这个职业。当时我就决定学这个了！虽然学校离家有点远，但是毕竟和这个职业相关的专业我能考上，于是就决定去这里了。

朴老师：航空工程师？哇，很帅啊！以后是不是会检修飞机啊？

辉荣：嘿嘿，是的哦。虽然这个工作不能让我在天空飞行，但是看着我亲手修的飞机飞上天也很欣慰啦。

朴老师：辉荣还是这么乐观呀，我特别喜欢你这点。

辉荣：哈哈，经常听别人说我是乐天派，朋友们都说这是我的魅力之一呢。

朴老师：不是哦，我是说辉荣非常乐观而不是乐天啊。在阿德勒心理学中，乐观和乐天有很大差别呢，甚至认为"乐天"不是褒义词呢。

辉荣：为什么啊？乐天不是好事吗？

朴老师：乐天主义者[1]不论遇到什么事情，都觉得没关系、会过去的、会好起来的。虽然这种想法很好，但是这样的想法并不会改变现实。

辉荣：那乐观主义者[2]和乐天主义者有什么区别呢？

朴老师：最大的区别在于，乐观主义者能够认清现实，并且马上付出实际行动。因此我们把能够客观面对现实状况，并且竭尽全力奋斗的人称为乐观主义者。

辉荣：这样啊，那我的确是乐观主义者。我得把这件事告诉朋友们。其实我也苦恼了很久，才下定决心选择这个专业。大家都说首尔的大学更出名，应该去那边的。但是我怎么想也不想选择一个自己不感兴趣的专业。

朴老师：哎哟，辉荣越来越棒了啊！你的选择标准非常明确，这点特别好。要是我的话，肯定会和你做同样的选择。大部分面临考试的学生都觉得升学的压力太大，因此会忽略自己的实际需求，认为考上大学就万事大吉了。但我们的人生并不是进入大学就结束了啊！甚至从某些角度来看，大学

---

① 乐天主义：无忧无虑，什么也不去多想，自得其乐，适合于安于现状的人。

② 乐观主义：带有信念、信仰、梦想和希望的坚定，适合于为了实现梦想而努力奋斗的人。

是人生一个新的开端。但如果你读了一个自己完全不喜欢、不合适的专业，那得多痛苦啊？有很多学生因此转了专业甚至是休学呢。

辉荣：所以我觉得自己做了正确的决定！但是我心里还是有些担心。一想到马上就要独自去陌生的地方生活，即将离开小伙伴们，就觉得心里慌慌的……

朴老师：是吗？但你之前和妈妈争论的时候不是说一上大学就要独立生活吗？

辉荣：啊，对啊。我怎么忘了呢？自由，独立，太棒了！朋友们可以来我家玩耍了啊，嘿嘿！

朴老师：哎哟，你还真是乐观呀！

🔺 阿德勒提高勇气的诀窍！

　　青少年时期是我们规划、探索自己未来生活的一个阶段。在我们考虑今后要朝什么方向发展时，最重要的因素就是个人的兴趣爱好和性格。最近人们经常说"个人喜好"这个词汇，也会说"这是我的喜好，请你尊重"。但不论别人说什么，我们都会理直气壮地说"我就是喜欢这个"。每个人在做自己喜欢或是擅长的事情时，都能获得很高的满足感和成就感。因此，我们首先需要了解自己对什么方面感兴趣，具体什么样的岗位适合自己。如果你能够深入剖析自己、了解自己是最好的，可是如果做不到也没关系，你可以选择借助其他工具，比如通过测试性格，来寻找相符的职业类型。

决定从事公益事业之后我又犹豫了

朴老师：佑镇，你最近还在做公益活动吗？大家都在称赞你呢。你是怎么开始做公益的啊？

佑镇：姨妈经常参加公益活动，帮助那些身体不好的小孩子。她说这挺好的，让我也去试一试。最开始我以为会很累，自己可能也帮不上忙反而会添麻烦，因此犹豫了一段时间……后来和姨妈去过一次之后，觉得心情都变好了。这件事情真是太有意义了……

朴老师：原来是这样啊。那你觉不觉得辛苦啊？

佑镇：身体上真的很累啊。一开始与孩子们比较生疏，也听不懂孩子们说的话，所以我就"嗯嗯"回应两声，然后对他们笑一笑。但是孩子们给我的回应特别热情，笑得特别甜。哇，我当时那个心情……

朴老师：心情怎么样？

佑镇：人生中第一次觉得我是个有用的人。其实我的学习成绩一般，我也不是很受朋友的欢迎，几乎没有什么存在感，也没有自信心。但是当我发现有人需要我的时候，就觉得自己充满了力量。

朴老师：你的这份经历真的很不错啊。你刚才所说的就是"贡献感"①，感觉到自己是被人需要的，是能让他人快乐的。因此，阿德勒认为"对他人的贡献"是幸福的条件之一。人只有觉得能帮助到别人，在这个集体中不可或缺，他才能真正感受到幸福。

佑镇：哇，这句话说得真对啊。爸爸妈妈也说我参加公益活动之后变了不少，性格明显开朗了很多，态度也更加积极了。我也这么觉得，有一种自尊得到了升华的感觉，真是感觉特别好。

朴老师：那你为什么还觉得烦恼呢？

---

① 贡献感：指自己为他人或组织做出贡献之后获得的满足感、价值感。

佑镇：我觉得做公益很适合我，所以考虑过要不要从事和残疾人福利相关的工作。但是……

朴老师：但是？

佑镇：我姨妈就是做这种工作的，有时候还会学点心理咨询和心理治疗的知识，她真的在很认真地生活。但是在我决定把公益当成自己的事业之后又犹豫了。看着姨妈和她的同事们的生活状况，我又觉得工资有点低，工作也很辛苦。毕竟偶尔去一次和正式从事这个职业是不一样的啊。

朴老师：那肯定不一样啊。

佑镇：所以我觉得很苦恼。我第一次这么认真地思考今后的工作，也是第一次找到真心想做的工作。我虽然想把公益事业当成工作，但是一考虑到钱的问题又很犹豫，我是不是太庸俗了？

朴老师：你不要这样想哦。经济稳定是人们生活中非常重要的事情，我们必须得慎重对待。我们不能要求一个人用做公益得到的成就感来替代金钱。所以不管你怎么选择，这都只是个人问题而已。

佑镇：但是成就感比钱更重要吧？所以在某种程度上，我好像应该放弃一些金钱方面的欲望……

朴老师：阿德勒认为，我们不应该为了他人而牺牲自己的人生。你对自己的生活还不满足，却要为他人做贡献，这顺序不对吧？我们都说"谷仓满，人心善"，我们只有自己过得幸福才能让他人也变得幸福啊！

佑镇：听您这么说，我觉得也对啊……那我该怎么做呢？

朴老师：这件事还是要看你自己的意见，没人能替你做决定。每个人的价值观都不一样，这个时候就是看你的价值观是什么样的了。不论什么事情都有两面性，都需要付出努力拥有耐心，有时候你要学会自己判断得失。当你受到外事牵绊，不能随心所欲做出选择的时候，你的信心和勇气就会减少。

佑镇：但是这很难啊。

朴老师：当然不简单了。你那么喜欢那份工作，如果还没尝试就放弃的话，是不是有点太可惜了啊？我希望你能多想点办法，看能不能把你看重的东西协调一下。而且就算你现在选择了某种职业，也不代表你一辈子都只能干这个。没有人规定你必须把喜欢的事情当作职业，当然，如果这能实现的话也是很幸运的。但是人们把喜好变成职业之后，慢慢觉得不再对此感兴趣甚至认为压力太大的情况也时有发生。

佑镇：也是哦。可能是我最近太沉迷公益事业了，总想把它当成今后的工作。其实我可以选择别的事业，只要抽时间接着做公益就行啊。虽然比起偶尔去帮助别人我更想把它当成正式一点的工作……距离做出选择还有一些时间，我得仔细思考一下。

朴老师：嗯嗯，这样最好。而且价值观也并非一成不变。也许经过慎重地考虑，你就能看清自己更想做出什么样的选择了。

🔺 阿德勒提高勇气的诀窍！

　　每个人都有属于自己的价值观，不论我们有没有注意到，它都和我们所做的每个决定息息相关。但是在生活中，我们可能会因为经济原因，或者因为害怕别人说闲话，而做一些违反自己价值观的事情。你能心甘情愿地去做不符合自己价值观的事情，或者放下自己真正想做的事然后被迫去做别的事吗？这种情况下，你会觉得有成就感吗？也就是说，当我们做符合自己价值观的事情时，才会觉得这件事非常有意义，才能获得最大的成就感。因此，不论你做什么工作，我都希望你能看清自己最重视的是什么，希望你做的事情符合你的价值观。

大家都说我今后能当老师，
可我却很害怕

美妍：我从小就梦想当一名老师，直到现在都没有变。朋友们都说教弟弟妹妹学习的时候特别烦，我却没有这种感觉。我经常教家里的弟弟妹妹们学习，甚至还会教他们的同学，帮助他们解开困惑，我尤其觉得很有意思。看到孩子们听懂之后点头的样子，我觉得特别欣慰。

朴老师：教育并不像我们说的这么简单，这是一个需要超高的忍耐力和毅力的职业，我觉得你很有天赋啊，以后肯定能够成为一名好老师的。

美妍：但是我最近觉得没有信心啊。我不知道自己能不能成为一名老师，就算当了老师也确定不了能不能做好。

朴老师：为什么啊？你在担心什么啊？

美妍：我最近觉得老师的任务不仅仅是好好教书。同学当中有那种非常没有礼貌的人，我都觉得受不了，可是我们班主任还能忍着不发脾气、沉着冷静地处理问题。不论这种同学怎么闹，老师仍努力尝试和他沟通。老师真的非常伟大，要是我的话肯定做不到。

朴老师：看来你们班主任很不错啊。但是每个人都是独一无二的，你自己肯定也有解决问题的方式方法，就算和你们班主任的方法不同，也并不妨碍你成为一名好老师啊！

美妍：单凭我的努力就能实现这个愿望吗？在我的学生生涯中遇到我们班主任这么好的老师实属难得。回想一下教过我的那么多老师，其中有些人会让我产生疑惑，觉得这样的人怎么能当老师教书育人呢？每当遇到这样的老师，我都暗自下定决心，我以后绝对不能和他们一样。

朴老师：没错，我们有时也会从别人不当的行为中吸取教训呢。

美妍：我也能理解学生对这种老师的不满情绪，但是有些同学会专门找碴、看老师出洋相甚至耍小聪明欺负老师。

看到过这种事情之后，我觉得当老师其实也挺辛苦。我奶奶现在看见我就会叫"崔老师"，爸爸妈妈也认定我今后一定会当老师，如果我现在告诉他们我后悔了……

朴老师：美妍啊，你觉得世界上有各个方面都很完美的人吗？

美妍：没有啊。

朴老师：那你为什么要求自己变得完美呢？

美妍：我吗？

朴老师：你觉得这个世界上有受到所有学生尊敬，不被任何人讨厌的老师吗？

美妍：没有吧……

朴老师：既然这种完美的人不存在，那你为什么还担心自己无法成为这样的老师，为什么要害怕呢？不管你是从事教师还是其他职业，都不可能一辈子只听好话，你说对吗？其实真正困扰你的不是职业选择的问题，而是人际关系的问题。

美妍：人际关系？

朴老师：如果你的身边有十个人，不论你做什么事情，其中肯定有一两个人不喜欢你；但是肯定也有一两个人非常理解你，和你合得来；而剩下的人的观点可能会随时发生变化。你觉得有必要努力和所有人都维持良好的人际关系吗？

美妍：只要和理解我的人好好相处就行了吧？

朴老师：如果你努力去接近那些不喜欢你的人，他们仍无动于衷的话，那就不必再努力了。你要接受不被所有人都喜欢的观点。

美妍：也对，我和班里有的同学也不过是点头之交。一开始还觉得别扭，现在已经没有什么感觉了。所以您是说，我以后如果遇到了不喜欢我的学生，不要太在意就行吗？

朴老师：作为老师，你的任务就是认认真真教书育人。即使出现了不跟随你步伐的学生，你也不必觉得受伤难过。当你努力了却看不到效果的时候，就要学会承认有些学生就是不喜欢你。其实我也一样，并不是所有来咨询中心的孩子都能听进去我的话，我这儿每天也和打仗一样呢。而且，如果有学生经常随意找碴、挑衅的话，那只是"那个学生"的问题，并非"全体学生"的问题。这种类型的学生毕竟是占少数的。你会因为这么几个人，而放弃成为大部分学生的好老师吗?

美妍: 我明白您的意思了。但是我真的能做到吗? 人们本来就对伤人的话记得更久, 我的性格还特别敏感。

朴老师: 那就需要你自己去克服啊, 如果你想改变就得自己付出努力。如果你什么都不敢做, 那你肯定不会发生改变的。只有你能改变自己, 所以这个决定得你自己做。

美妍: 努力就能改变性格吗?

朴老师: 这一点谁都无法保证。因为这是你的问题, 所以只有你自己才知道有没有改变。但是有一点我可以告诉你, 不努力的话是一定不会改变的。另外, 我还想问你, 你真的想当老师吗?

美妍: 真的啊, 我不是对您说了吗, 我从小就想当老师。

朴老师: 梦想也是可以改变的。现在你的梦想是不是发生了一点变化啊? 你不是害怕当老师, 而是不想当老师了吧?

美妍: 我也不知道……身边的人都认为我会当老师, 于是自然而然地我也觉得自己今后就会走这条路了。如果现在放弃的话，我也不知道自己还能做什么，我会很迷茫……

朴老师：美妍，选择职业的时候你不用管别人的眼光，也不用去迎合别人的期待！因为最后去工作的人是你。你要好好想想自己到底想做什么，现在有没有准备好，有没有做好克服各种困难的准备。

美妍：嗯，我知道了。听您沉着冷静地帮我分析了之后，我突然又很想当老师了呢。我这次一定会经过深思熟虑，再做决定的。

🔺 阿德勒提高勇气的诀窍!

如果你非要制定一个完美目标的话，那你必然会遭遇挫折，因为那样的目标是你不论怎么努力都无法实现的。如果你总是给自己定下过于严格的标准，那就相当于给自己筑了一堵高墙。如果你需要翻越的壁垒太过高大，你就容易在开始之前因无力感和挫折感而放弃挑战，觉得自己无法登上这座高山。而且，你对自己都这么严格，又怎么可能对别人宽松呢？当你用同样严格的标准要求别人时，他们会觉得受到了束缚。

既然我们都不是神，那肯定就做不到完美，这是非常自然的事情。所以，我们要坦诚地承认并接受自己的不足之处，努力克服自己的缺点，我们也可以寻求他人的帮助，学会发挥自己的优点，一步步脚踏实地向前迈进。比起那些努力装作完美的人，诚实地暴露自己的不足并努力克服缺点的人，难道不是更值得信赖吗？

到底什么工作才是适合我的

恩珍：老师，我从小就有很多想做的事情！我一旦对某件事产生兴趣或者感到好奇，就一定要去尝试。所以我上了很多兴趣班，比如说钢琴、美术、科学等。我甚至还学过跆拳道和剑道，现代武术和四物游戏①……

朴老师：居然学过这么多啊？那你不累吗？

恩珍：因为我是自愿的，所以不累啊。父母从小就告诉我想做什么就去做什么，这样才能找到最适合自己的领域，

---

① 四物游戏：源自韩国传统的农耕社会，米农集合音乐、杂耍、舞蹈与民俗仪式进行表演，祈求及庆祝全村丰收。四物为锣、鼓、钹及长鼓，代表风、云、雷、雨四种自然现象，表演者穿上传统的韩服，以强劲的敲击节奏、活跃的动作及高亢的兴致，表现对大自然的尊崇与敬意。

所以我想做的事情几乎都试过了。

朴老师：父母如此支持你也很不容易啊，你要感恩啊。

恩珍：那当然了，我一直都很感恩呢。有些课程的费用特别高，父母偶尔也会犹豫，每当这个时候我就撒娇，说我长大之后肯定会赚钱还给他们的。嘿嘿，我真的打算还给他们哦！

朴老师：那你找到适合自己的领域了吗？

恩珍：唉……这个就是问题所在啊。身边的朋友好像没有像我这样上过那么多兴趣班的人。但是我尝试了这么多事情，也没找到特别想做的。每次学着学着就没有兴趣了，慢慢就不耐烦了，接着就会喜欢上别的东西……由于我总是这样，奶奶说我花钱就是"无底洞"，兴趣班每次学几个月就放弃了，那还不如把时间都花在学习上呢。虽然奶奶这么说没错，但我心里还是觉得不舒服，所以我特别想找到一件能够坚持做一辈子的事情。

朴老师：这样的事情可不容易找到啊。

恩珍：我有个朋友叫希哲，他从幼儿园开始就想当歌手。虽然他妈妈非常反对，但是从小学开始，他就坚持去各大经

193

纪公司面试，去年他终于通过考核成了一名练习生。不管他能不能成功出道，光是这份坚持梦想的热情，执着于某件事情就让我特别羡慕。还有的朋友想当公务员，按时拿薪水，下班之后会参加一些兴趣活动小组，还有一些朋友把享受生活当成他们的目标。最近我的心里非常焦躁，真希望能有个人直接告诉我"那件事最适合我"。

朴老师：哦……看来你很羡慕目标明确的朋友们啊。我觉得你有点心急了，你不用现在就开始觉得焦躁。本来青少年在这个时期就容易感到困惑，"我是谁？""我在哪儿？"这种问题会一直在脑海中盘旋，未来的梦想也是一天变好多回，这都很正常的。

恩珍：虽然也有这样的人，但是目标明确一点不是更好吗？尽快确定自己的梦想，难道不是对未来成功最有利的基础吗？

朴老师：恩珍，你觉得未来的工作是定好之后就不会改变的吗？我最近看了一个调查，每十个上班族中就有四个人在一年内辞职。辞职的原因多种多样，其中最常见的就是"这份工作不适合我"。找到适合自己的工作真的非常难。

恩珍：哇，原来并不是所有大人都知道什么适合自己啊？

朴老师：理想和现实是有差距的。自己以为这份工作很

194

适合自己，但是真正尝试之后才发现不是这么回事，这样的情况非常多。

恩珍：是啊，没有亲自尝试过肯定是不知道结果的。

朴老师：你觉得那些辞了职的人接下来会做什么呢？

恩珍：肯定会努力找寻下一个工作，看看它适不适合自己啊！

朴老师：所以，你觉得要继续努力吧？因为尝过一次失败的滋味，所以就要从中吸取教训、累积经验，然后继续努力寻找真正适合自己的工作。每个人都是第一次经历人生，当然会出现迷路的状况，虽然有可能需要绕点路，但是这并不影响你到达目的地。在这个过程中，你可能会发现捷径，也有可能会找到新的目的地。你说对吗？

恩珍：对啊。

朴老师：你既然都明白，那为什么还会焦躁不安呢？

恩珍：……

朴老师：找到自己的梦想固然重要，但是人生并不是跑步比赛，我们不用在意先后顺序，只要按照自己的速度和方向前进就好。你还有很多时间可以慢慢寻找，体验更多的领域。你只要持续思考"我做什么事情的时候最幸福"就可以了。

恩珍：我做什么事情的时候最幸福……如果我仔细寻找的话，应该还有很多事情可以体验一下的吧？比如说杂志记者、新产品测试员、博主①……哎呀！我以前怎么就没想到呢？老师，我先走了，我得回家查点资料。谢谢您今天和我聊了这些内容。

---

① 博主：泛指自由撰稿人、自媒体从业者等。

🔺 阿德勒提高勇气的诀窍！

关于"现代社会"的定义简直数不胜数，其中最具代表性的就是"多样化时代"，也就是说所有的事物都变得"多样"了，而我们可以选择的工作也变多了。但是由于选择范围太广，这个选择就会更加"艰难"。有的人想要终其一生只钻研一个领域，而有的人则想要尽量多体验几个领域。其实，最近很多领域的知识和技术都发生了融合，这引起了新的潮流，这种现象已经非常普遍了。因此想要尝试多个领域的人越来越多，这是非常自然的现象。但是，你不可能把所有想做的事情都去做一次，每个人只有一个身体，拥有的时间和资源也是有限的。这个时候就要用到"选择"和"集中"这两个词，不要忘记，如果你盲目地将目光投向太多的事情，那么你最终很可能一事无成。

职高，还是普高？我到底该如何选择

俊永：爸爸妈妈非要让我去读职高，烦死了！那种学校里都是成绩不好的学生，这太丢人了！

朴老师：呃，首先我得纠正一下你的想法。职高的办学目的是帮助学生就业，而普高是以帮助学生升学为目的的。因此，不管去读什么学校，你需要考虑的是你的梦想是什么以及这所学校适不适合你，而并非成绩的优劣。而且这件事有什么丢人的呢？难道是因为你的成绩不好，父母才想让你读职业高中的吗？

俊永：对啊，他们说我的成绩进了普通高中也就是"垫底"，还不如干脆去职高呢，我还能学点专业知识，以后进入社会还有个一技之长。

朴老师：那么对于你来说，职业高中还真是因为成绩不好被迫选择的地方啊。既然不想去的话，那你可以从现在开始努力学习，争取读普通高中，或者你还有别的想做的事情吗？

俊永：我也不清楚啊，我就是什么都不想干。

朴老师：不了解自己，什么都不想做，说明你已经放弃自主权了，那么听从父母的安排才是对的啊。

俊永：我放弃了自主权？什么时候？我没有啊！

朴老师：如果有人送了你一只小狗，你却根本不关心小狗喜欢什么，养狗有什么注意事项，也不关心该怎么训练它。而你的父母会喂小狗吃饭，会教它上厕所，会带它去散步。你觉得小狗会把谁当成主人呢？

俊永：我又不是小狗。

朴老师：没错，你当然不是小狗。但是就连让小狗承认你是主人都需要付出那么多的关心和努力，那你为了成为自己的主人就需要付出更多了吧？看你现在自甘堕落的状态，你分明就是放弃自主权了啊！

俊永：哇，就因为我没有自己的梦想，就得被您这样数落吗？

朴老师：你根本不想对自己负责，所以听到这些话就会不开心啊。

俊永：难道我还得高兴吗？

朴老师：你不想做事很正常，有可能是还没有找到自己的梦想。但是如果你从根上就不努力寻找，这就是不负责的表现啊！你说呢？

俊永：梦想……该怎么找呢？

朴老师：这个世界上有种人一辈子都得不到幸福，你知道是什么人吗？

俊永：贫穷的人？

朴老师：不，是那些不能接受自己真实一面的人。你喜欢过别人吗？谈过恋爱吗？

俊永：当然谈过恋爱啊。我的初恋发生在中学二年级。

朴老师：那你是怎么对待自己喜欢的女孩子啊？对她好吗？

俊永：当然很好啦。她当时沉迷于《精灵宝可梦》①，我攒了很久的零花钱，给她买了一个快龙②的玩偶呢。

朴老师：你看，你因为喜欢她，自然而然就会了解她的喜好。所以，你现在就应该学会自爱，多关心关心自己。

俊永：我得有点长处才能做到喜欢自己啊。但是您看现在，我的成绩连普通高中都考不上，还有什么值得自己喜欢的呢？

朴老师：你喜欢用成绩来评判一个人吗？你的标准还真是特殊啊。那你中学二年级的时候成绩怎么样啊？那个女孩喜欢过你吗？

俊永：……不管到哪儿，成绩好的人肯定都更受欢迎啊。

---

① 《精灵宝可梦》：日本的一部电视动画。
② 快龙：《精灵宝可梦》中的一个角色。

朴老师：你说得没错，有些人的确会用成绩、金钱、外貌来作为标准评价他人。但是你能事事都符合这个标准吗？如果符合，那还能正常生活吗？也许不管你怎么努力都无法在学习上超过别人。那么，你就真的要按照别人的标准判定自己的人生是失败的，然后放弃自己吗？要是我的话，我宁愿直接忽略别人的标准。因为我不是别人，所以不论怎么努力都不可能成为别人眼中最好的人。如果我的天赋不在学习上的话，那我就该承认自己的不足，然后去发现自己的优点。为什么为了迎合别人的标准而委屈自己呢？这个世界上除了学习还有很多的事情要做啊！

俊永：哎，您也就是说说而已。

朴老师：最近电视节目中不是出现了很多帅气的厨师吗？你有喜欢的人吗？

俊永：金风①！金风的正式职业好像不是厨师啊！总之我经常按照金风的菜谱在家做饭。

---

① 金风：毕业于韩国弘益大学动画专业，2002 年开始在网上连载漫画，以其幽默风趣的漫画风格和有趣的故事走红。生活中的他爱好广泛，创作漫画之余，拍摄广告、出演戏剧和策划节目，过着并非"废人"的废人生活。2014 年，他以料理爱好者的身份参演了《拜托了冰箱》，成为明星厨师的一员。

朴老师：金凤？他的确很幽默。俊永啊，你知道金凤厨师的学习成绩怎么样吗？

俊永：我不知道啊！

朴老师：那节目里有人问过他的语、数、外成绩如何吗？

俊永：没有问过。

朴老师：为什么大家不问呢？

俊永：咦！为什么要问他当年的学习成绩好不好呀？语、数、外的分数和做饭又没有关系。

朴老师：没错，一点关系都没有。他现在正做着自己喜欢的工作，而且还做得很不错，那谁还会问他当年的学习成绩啊！假如你今后的目标是成为一名料理大厨，那你会选择去读普通高中呢？还是会选择去职业高中读厨师专业呢？

俊永：那肯定会选择职高啊。

朴老师：没错，因为去职高能够帮助你实现梦想。所以你现在不应再纠结成绩的好坏问题吧？

俊永：您说得对，我需要找到自己的梦想是什么。嗯……首先，我对学习确实没有信心。比起拿起书本学习，我更愿意去学点一技之长。但是如果去考职高的话，大家都会觉得我是因为学习成绩不好才去的，我特烦这个。

朴老师：这件事情需要你自己做选择。如果你想迎合别人的看法而委屈自己的话，就可以去普通高中；或者你也可以完全忽略别人的看法，自己想做什么就做什么。

俊永：不在意他人的眼光，真的那么简单吗？

朴老师：这有什么难的啊？你的人生才是最重要的，这个选择只有你自己能做，而选择产生的后果也只能由你自己承担。

俊永：天呐……您这话也太恐怖了吧。不过去读职业高中好像也不是什么坏事，去了那里肯定会学很多技能，说不定我就能找到最适合自己的工作了！

朴老师：很有可能啊。说不定你还会觉得，自己必须好好学习才行啊。

俊永：总之，我得学会不在意他人的看法，去做自己真正想做的事情。

朴老师：也可以这么说。但是有一点你要记住，虽然你要忽略他人的看法做自己喜欢的事情，但是你绝对不能伤害别人，并且必须为自己的一言一行负责。

俊永：那肯定的啊。老师您是不是太小看我了啊？

🔺 阿德勒提高勇气的诀窍!

　　不久前在一个挪威青少年出演的电视节目中,挪威的青少年告诉了我们这样一个信息。在挪威,人们几乎不怎么念大学,只有那些真的喜欢学习,或者想要从事医生、律师等专业性很强的工作的人才会念大学。他们说大学里教的知识,一般人在生活中根本用不上,所以也就没必要去读了。我相信有很多人会认同这个观点。韩国的青年有很多是大学毕业之后就业的,而新职员必须学习社会生活中所需要的礼仪和业务。但是我们在大学中学到的知识究竟有多少能用在工作中呢?甚至有很多青年认为,大学的知识完全没用。大学是需要专业知识的人才会选择的地方。如果你需要的东西在大学里学不到,那你就应该去寻找别的能够帮助你实现梦想的地方。

当年被同学欺负的经历，让我害怕未来

朴老师：听说你在中学时有过不好的经历啊？

殷真：是的，我真的不愿意回想那个时候。现在只要一想起那些欺负过我的人的面容，我都觉得恶心。幸好升学之后我遇到了很多好朋友，我以为当年的事情已经过去了，但其实没有。我总觉得当年的阴影会笼罩我一生，我真的觉得很难过。

朴老师：为什么啊？是最近发生什么事情了吗？

殷真：朋友们现在都在讨论想去哪所大学、想学哪个专业等问题。他们会说自己喜欢什么专业，想从事什么领域工作，只有我不同，想找那些独自就能完成的工作。我觉得都是因为被同学欺负，我才会害怕与人相处，并产生了"心理创伤"①。我永远都不能原谅那些伤害过我的人。

朴老师："心理创伤"……看来你在畅想未来的时候，总被过去的经历绊住手脚。你觉得真的是因为这个原因吗？

殷真：难道不是吗？您是觉得我用"心理创伤"当借口吗？

朴老师：不是。我没有觉得你在找借口，只是我并不认可"心理创伤"这个词。学过阿德勒心理学的人都是这样认为的。

殷真：怎么可能？我是真的受到了伤害。我现在就是在被它困扰着。

朴老师：原因论认为万事的结果必有因，而认可心理创伤其实就是原因论的一种思想。也就是说，你认为自己现在之所以不敢和陌生人交往，就是因为当年被人欺负过。

殷真：就是这样啊。

---

① 心理创伤：在精神病学上，创伤被定义为"超出一般常人经验的事件"。心理创伤通常指让人感到无能为力或是无助的一种心理状态。

朴老师：难道所有经历过相同事件的人都会产生相同的心理创伤吗？有过相同经历的人，今后都会过着相同的生活吗？而且，如果你把现在发生的事情的原因都归结于过去的话，那么你的未来也就取决于过去了，也就是说，你根本无法改变自己的未来。

殷真：我有点听不懂了，那我现在究竟为什么难过呢？

朴老师：你是在问为什么你害怕和陌生人交往吧。因为你是害怕处理人际关系。由于你过去的经历，你就把自己的心关了起来，当遇到陌生人时，你自己会觉得很难与人亲近。然后人们就会说：啊，原来是这样啊。他们会理解你，然后安慰你。但这就是全部了，这根本不会改变现实生活。难道你想要一直沉浸于过去，给现在的自己找理由，一直原地踏步吗？

殷真：但是……

朴老师：过去的经历其实没有任何意义，是你自己在画地为牢。根据你的理解，过去的事情拥有不同的意义。你之所以觉得过去的事情造成了你心理上的创伤，正是因为你给它赋予了这层意义。

殷真：您的意思是说，我不想和人交往，只想自己一个人待着的原因并不是因为过去的"心理创伤"，而是我个人的性格问题了？而人们总说我木讷、不合群、太小心谨慎了，让我学学人际交往，这也是我自己的问题喽？

朴老师：每个人的性格都不尽相同，并不是所有人都很外向，喜欢独处的人也有很多。你不要担心，你没有不正常，就算性格内向又关别人什么事儿？我们回到那个困扰你的问题上，你不想和别人合作，就想做独自一人就能完成的工作？那你就干脆忘记"心理创伤"的问题，积极寻找自己想做的工作就行了。你根本不用感到自卑，堂堂正正地承认你喜欢那个工作就好，而且并不是所有的工作都需要团队合作。

殷真：其实，我想尽可能地多体验一些行业。我很喜欢一名女歌手，她虽然不是经常出现在电视上的名人，但是唱歌非常好听。她不仅唱歌，有时间还会写游记，还会办一些展览，生活很丰富。我非常羡慕她，我也想过那样的生活。

朴老师：你的想法不错，你想当的就是二十一世纪的新新人类啊。你听说过"多变性职业生涯"① 这个词吗？

殷真：多变性职业生涯？我没听过。

---

① 多变性职业生涯：是指由于个人的兴趣、能力、价值观及工作环境的变化而经常发生改变的职业生涯。在这种新的职业生涯理念中，员工自己需要对职业生涯的管理负主要责任。

朴老师：这个词的英文名字源于希腊神话中的"海神"普罗透斯。普罗透斯拥有非常出色的语言能力，因此有很多人慕名而来。海神不愿和这些人打交道，于是就变身为各种不同的模样，借机逃跑。因此，普罗透斯也被认为是变化无常的象征。

殷真：所以多变性职业生涯，就是职业变化无常的意思？

朴老师：或许应该说是有些人具备根据环境变化而随机应变的能力。最近"铁饭碗"这种概念已经几乎没有了吧？因此，越来越多的人不再终身从事一种职业，而是会选择多变性职业生涯。你喜欢的这位歌手正是这样的人。

殷真：哇！这简直就是我梦想中的生活方式啊。

朴老师：其实在现实生活中，只从事一种职业都很难满足多变性职业生涯的条件，因为它并非是凭借努力就能完成的事情。要是你再被过去的"心理创伤"所牵绊，那就更是难上加难了。

殷真：如果让我在过去和未来中选择一个的话，我肯定是选未来啊。但如果让我现在一下子放下过去那段痛苦的记忆，我可能也做不到，但是我一定会努力的。

阿德勒提高勇气的诀窍！

　　我们经常把"心理创伤"这个词当成挡箭牌。但不论是什么样的经历，它都不能成为一件事情成功或失败的根本原因。根据我们赋予那件事情不同的属性，它会有不同的意义。有的人会把自己小心谨慎的性格，当作是被同学欺负的结果，并且认为那些"心理创伤"就是自己日后不敢与人交往的主要原因。但是有些经历过校园霸凌的人，会把过去的经历当作基础，带头抵制校园暴力。你要记住，只有努力才会让事情发生变化。我们不能被过去的事情所影响。只有积极地朝着自己的目标奔跑，我们的未来才有希望！

每个人都需要拥有远大的梦想

亨俊：老师，老师，您看这是什么？

朴老师：亨俊啊！你买了新的自行车啦？看着很好嘛！

亨俊：这可不是普通自行车哦！这是专业的山地自行车！非常专业哦！

朴老师：真的？看来你终于说服你父母了，费了很大力气吧？每次看到你的时候，老师都觉得你很棒，有种"天将降大任于斯人也，必先苦其心志……"的感觉。

亨俊：嘿嘿，但是我父母终于支持我的梦想了。爸爸说怕我骑着破破烂烂的自行车上山会受伤，所以给我买了专业的山地车。我爸爸最棒啦!

朴老师:你是来炫耀新自行车的吗?这么高兴?

亨俊:高兴啊,超级高兴!有了这辆车,我觉得自己都能赢得山地自行车比赛的冠军。但是我现在年龄太小了,大部分比赛都不能参加。

朴老师:毕竟安全第一。你要认真练习,一旦有了参赛资格就马上拿个冠军回来。

亨俊:那当然了!国内的比赛也就是热热身,"南非山地马拉松"赛程整整持续七天呢,我的梦想是拿到这个比赛的冠军!

朴老师:七天?天呐,这比赛时间也太长了吧?

亨俊:是啊,而且还有一个问题需要解决,这个比赛需要两人一组参加,所以我一直在兴趣爱好小组里寻找合适的搭档呢。

朴老师:你一定会找到的。

亨俊:等我发表获奖感言的时候肯定会提到您的,就说感谢您支持我实现梦想。

朴老师：哈哈，你都想到获奖感言了啊？真是拿你没办法呀。不过既然如此，你就好好努力哦！崔亨俊！

亨俊：多亏有您，我才有今天啊。如果没有您对我的悉心教导，我现在肯定不能在周末骑着山地自行车上山练习，只能在家看别人骑车的视频。

朴老师：我只是给了你重新审视自己、勇于寻找目标的勇气而已。是你自己寻找到了人生目标，果断地认定这就是你想做的事，并且一直努力实现目标。每次看到你我都觉得非常欣慰，觉得办这个咨询中心真的是有用的啊！

亨俊：我以前并不知道拥有梦想是如此重要的一件事情。虽然我还不能参加各种世界大赛，但是现在只是和老师聊聊天，从网络上寻找一下比赛用车，我就觉得很幸福了。

朴老师：向着梦想前进的每一步都是这么快乐。而开心快乐的每一天积攒起来，最终就成了你的未来。话说，你这辆自行车真不错啊，老师能骑一下吗？

亨俊：不行哦，这是专业的山地自行车。一般人在平地上骑不动呢，您还是骑普通自行车吧。

朴老师：这么小气？那我还不骑了呢！

亨俊：哈哈，我开玩笑的啦。您试试，但是山地自行车和普通自行车真的不一样，主要就体现在……

阿德勒提高勇气的诀窍！

　　在日本，有一种被人们当作观赏鱼养殖的鱼类，如果养在小鱼缸里，它可能就只会长到 10 厘米；如果养在大鱼缸里，它就有可能会长到 20 厘米；如果把它放到河里，它甚至会长到 100 厘米。这是个非常独特的小家伙吧？而我们的梦想和这种鱼很像。我们不要把梦想限制在小框框当中，应当尽量让它变得"远大"。当我们把梦想放入广阔的大海中时，它就有可能变成大鲸鱼，带我们乘风破浪。

　　虽然我们在梦想成真的那一刻会非常高兴，但是努力实现梦想的过程也会有非常大的乐趣。我们的梦想就是动力，督促我们一步步前进；梦想也是希望，让我们拥有克服困难的信心。我希望大家都能拥有远大的梦想，加油！